JN121035

保護具着用管理責任者ハンドブック

中央労働災害防止協会

まえがき

令和６年４月１日から本格施行された労働安全衛生規則においては、896物質のリスクアセスメント対象物を対象に、事業場ごとに選任された化学物質管理者がリスクアセスメントを行い、その結果に基づきばく露防止等の措置を講ずることとされた。防じんマスクや保護手袋などの保護具によりばく露防止措置を講ずる場合は、保護具着用管理責任者を選任して、保護具の適正な選択、使用、保守管理を行わせることとなる。

自律的な化学物質管理の下では、事業者は、密閉化や局所排気装置の設置といった特別則に義務付けられた工学的措置以外に、呼吸用保護具によるばく露の程度の低減措置も広く認められることとなった。また、化学物質を原因とする健康障害は毎年発生しており、その多くは皮膚や眼に化学物質が直接接触したことによる障害であることを考えると、保護具着用管理責任者の役割は大きいといえる。

本書は、新たに選任された保護具着用管理責任者が、事業場で職務を遂行するために必要な最新の法令解釈や技術基準を網羅したものであり、事業場に備えておくべきハンドブックである。また、各事業場において、保護具着用管理責任者教育を実施するに当たり、社内教育教材として活用できるものとなっている。

令和６年７月

中央労働災害防止協会

目　次

附　録

凡例～本書で使用する法令等の略語は次のとおりである。

労働安全衛生法	安衛法
労働安全衛生規則	安衛則
有機溶剤中毒予防規則	有機則
鉛中毒予防規則	鉛則
特定化学物質障害予防規則	特化則
四アルキル鉛中毒予防規則	四アルキル鉛則
電離放射線障害防止規則	電離則
酸素欠乏症等防止規則	酸欠則
粉じん障害防止規則	粉じん則

◆第 1 編◆

自律的な化学物質管理と
実施体制

第１章

事業場内の管理体制

安衛則の改正により、リスクアセスメント対象物を使用し、または取り扱う事業場においては、化学物質管理者を選任することとなった。ばく露防止措置として防毒マスクや保護手袋を使用させるときは、保護具着用管理責任者の選任も必要である。

1. 安全衛生管理体制と化学物質管理者

(1) 安全衛生管理体制

令和６年４月現在、安衛則で規制されるリスクアセスメント対象物は、特化則、有機則など特別則の対象123物質を含む896物質であるから、市販の化学品にも多く含まれており、購入して取り扱うと、安衛則に基づく化学物質管理が必要となることが多い。化学物質のリスクアセスメントは、平成28年の安衛法改正で義務付けられたしくみであるが、今般、リスクアセスメント対象物を製造し、または取り扱う事業場においては、化学物質管理者がリスクアセスメントの実施を管理することとされたため、適切な実施が定着すると考えられる。

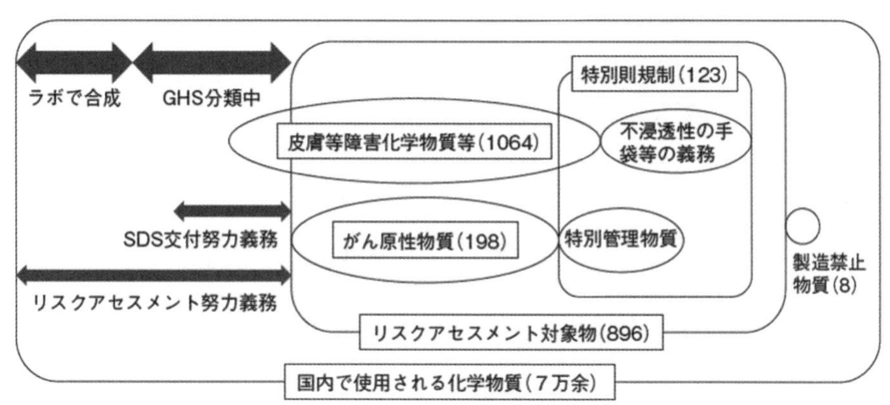

（作成：中災防 労働衛生調査分析センター 2024）

図１－１　国内で使用される化学物質の規制イメージ

事業者は、化学物質の危険性、有害性を把握して、労働者の危険、健康障害を防止するために適切な措置を講ずる必要があり、化学物質管理者がその技術的側面の管理を担当する。具体的には、化学物質の表示および通知に関する事項、リスクアセスメントの実施および記録の保存、ばく露低減対策、労働災害発生時の対応、労働者に対する教育などを管理することが該当する。

リスクアセスメント対象物を製造し、または取り扱う事業場、およびリスクアセスメント対象物の譲渡または提供を行う事業場においては、事業場の規模や業種にかかわらず、事業場内の労働者から化学物質管理者を選任する（安衛則第 12 条の 5）。

化学物質管理者を選任したときは、その氏名を事業場の見やすい箇所に掲示すること等により関係労働者に周知させる。選任届を労働基準監督署に提出する必要はない。

安全管理者や衛生管理者が選任されている事業場においては、爆発・火災の防止（安衛法第 20 条第 2 号）、健康障害の防止（安衛法第 22 条）について、それぞれ、安全管理者、衛生管理者の統括の下で化学物質管理者が技術的事項を行うこととなる。

また、事業場におけるリスクアセスメントの結果に基づく措置として、保護衣、保護手袋、履物、保護眼鏡等を使用させるときは、保護具着用管理責任者を選任する（安衛則第 12 条の 6）。

化学物質管理者および保護具着用管理責任者は、その職務を適切に遂行するために事業者から必要な権限が付与される必要がある。

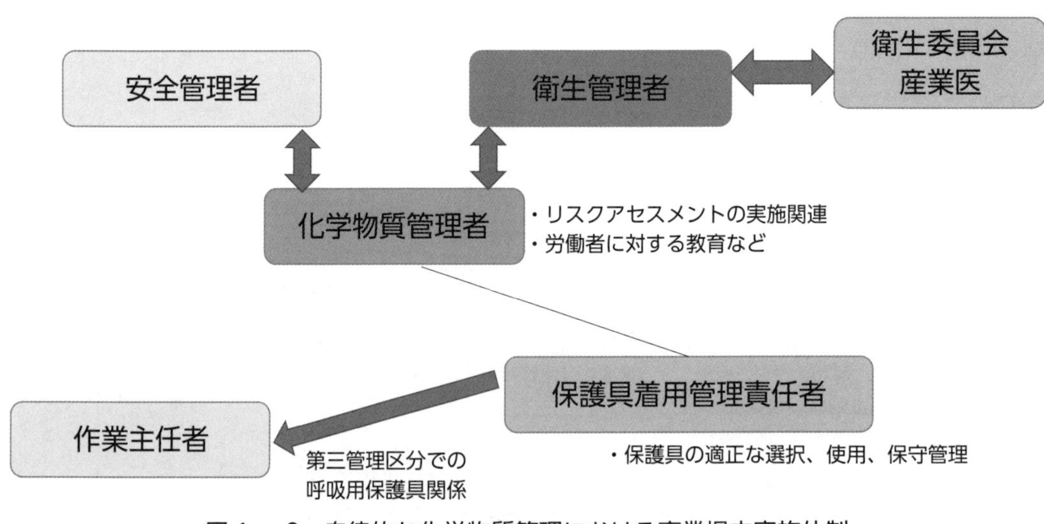

図１－２　自律的な化学物質管理における事業場内実施体制

(2) 化学物質管理者の職務

保護具着用管理責任者は、化学物質管理者が選任された事業場において選任されることになるから、化学物質管理者の役割と範囲を承知しておく必要がある。

安衛則で定められている化学物質管理者の職務は、次のとおりである。

① リスクアセスメント対象物のラベル表示、危険有害性情報の通知に関すること
② リスクアセスメントの実施に関すること
③ リスクアセスメント等の結果に基づく措置の内容およびその実施に関すること
④ リスクアセスメント対象物を原因とする労働災害が発生した場合の対応に関すること

表 1 － 1　化学物質管理者の職務に関する実施事項の例

	職務	実施事項の例	関連する法令の例
1	リスクアセスメント対象物の**ラベル表示**、危険有害性情報の**通知**に関すること	譲渡・提供される化学品のラベル表示、SDS の点検と保管、労働者への周知 小分け保管時に必要な表示	安衛法第 57 条、第 57 条の 2、 安衛則第 24 条の 14、 安衛法第 101 条 安衛則第 33 条の 2
2	**リスクアセスメントの実施**に関すること	対象物質、作業状況、手法の決定と評価、実施の管理	安衛法第 57 条の 3 安衛法第 28 条の 2
3	リスクアセスメント等の結果に基づく**措置**の内容およびその実施に関すること	ばく露の程度を最小限度とすること 濃度基準値以下とすること ばく露防止措置の選択と実施の管理	安衛則第 577 条の 2 安衛則第 577 条の 3
4	リスクアセスメント対象物を原因とする**労働災害**が発生した場合の対応に関すること	災害発生時の応急措置の訓練と計画 災害発生時の各種対応（通報を含む） 監督署長の改善指示への対応	安衛則第 577 条の 2 第 4 項、第 34 条の 2 の 10 安衛則第 96 条、第 97 条、第 97 条の 2
5	リスクアセスメントの**結果の記録**の作成と保存、その周知に関すること	次の実施までの期間かつ 3 か年分保存 名称、対象業務、結果、措置の周知	安衛則第 34 条の 2 の 8
6	リスクアセスメントの結果に基づく**ばく露低減措置等に関する記録**と保存、および労働者への周知に関すること	1 年以内ごとの次の記録と 3 年間*保存 ・ばく露防止措置とその労働者の意見聴取の状況 ・ばく露の状況（3 年 /30 年*） ・がん原性物質の取扱い等に従事した労働者の氏名と作業の概要、従事期間、汚染される事態が生じたときの概要、応急の措置（30 年*）	安衛則第 577 条の 2 第 11 項 ＊がん原性物質については、30 年保存
7	労働者に対する必要な**教育**に関すること	1~3 の事項を管理するにあたっての労働者に対する必要な教育 雇入れ時教育	安衛法第 59 条

⑤　リスクアセスメントの結果の記録の作成と保存、その周知に関すること
⑥　リスクアセスメントの結果に基づくばく露低減措置等に関する記録と保存、および労働者への周知に関すること
⑦　労働者に対する必要な教育に関すること

これらについて、具体的な実施事項の例をあげると、**表１－１**のようになる。あくまで例示であり、職務を網羅しているわけではない。

事業場の規模にもよるが、リスクアセスメントや教育そのものを自ら実施せず、現場管理者が行うこれらの事項を適切に管理する方法がある。

2. 保護具着用管理責任者

化学物質の自律的な管理において、リスクアセスメントの結果に基づく措置として、労働者に有効な呼吸用保護具を使用させることも可能であるが、それには保護具の選定、使用方法および保守管理が適切に行われることが必要である。また、全ての化学物質の取扱いがドラフトブース（局所排気装置）内で完結するなど、防毒マスク等を使用させる必要がない場合であっても、保護手袋や保護眼鏡を使用させる必要があるときもまた同様である。

このため、保護具着用管理責任者がこれらを管理することとされているものであり、選任された保護具着用管理責任者は、化学物質管理者と連携する必要がある。

保護具着用管理責任者を選任したときは、その氏名を事業場の見やすい箇所に掲示すること等により関係労働者に周知させる（**図１－３**）。選任届を労働基準監督署に提出する必要はない。

図１－３　保護具着用管理責任者の氏名の掲示プレート（例）

(1) 事業場における保護具着用管理責任者の選任

リスクアセスメント対象物を取り扱う事業場における保護具着用管理責任者の選任は、化学物質管理者と同様に、事業場ごとに行う。すなわち、工場、店社、営業所等の事業場を１つの単位として選任する。例えば、１つの工場が安衛法適用の事業場とされている場合は、規模が大きくても保護具着用管理責任者を１名選任すればよいが、

そこに構内下請10事業場において、リスクアセスメントの結果に基づき労働者に保護具を使用させる場合は、それぞれの事業場において保護具着用管理責任者の選任が必要となる。

また、大規模な事業場の場合、事業場内に工場部門と研究部門を有するなど、作業の実情が大きく異なる場合があり、保護具着用管理責任者の職務が適切に実施できるよう、複数人を選任してもよい。

保護具着用管理責任者は、有期工事であっても事業場単位で選任する必要があり、リスクアセスメント対象物についての保護具取扱いがある元請、一次下請、二次下請などそれぞれで選任すること。一方、店社等の事業場単位で選任するものであり、出張先の建設現場ごとに保護具着用管理責任者を配置する必要はない。例えば、工務店たる１つの事業場が５カ所の工事現場に労働者を出張派遣する場合は、工務店事務所に保護具着用管理責任者１名を置き、５カ所で行われる出張業務を管理させることでよい。建設現場を管理する元方事業者については、元方事業者の労働者がリスクアセスメント対象物についての保護具取扱いがある場合に保護具着用管理責任者を選任する。

保護具着用管理責任者は、有機溶剤作業主任者などと異なり、労働者を直接指揮する必要はないため、作業現場ごと、交替制作業における直ごとの選任は求められない。

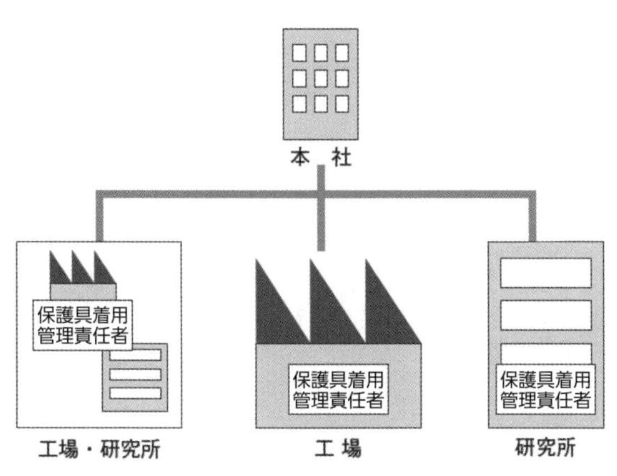

図１－４　保護具着用管理責任者の選任（製造業の例）

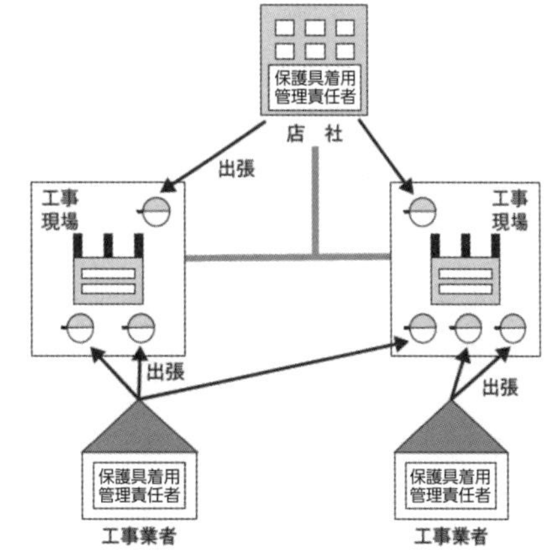

図１－５　保護具着用管理責任者の選任（建設業の例）

(2) 保護具着用管理責任者教育

保護具着用管理責任者は、保護具に関する知識および経験を有すると認められる者から選任する必要がある（安衛則第12条の6）。そのうち、関係通達では、選任要件の有無によらず、6時間の保護具着用管理責任者教育を受講した者からの選任が推奨されている。関係法令の改正、保護具に関する技術基準の制定、保護具の取扱いについての通達の改正、皮膚障害等防止用保護具のマニュアルの制定など、短い期間に保護具に関する多くの規制や技術基準が定められ、過去の免許試験や技能講習で習得した知識が必ずしも十分でないためである。保護具着用管理責任者教育は、外部の研修事業者が実施する研修を受講するのではなく、事業場内で実施することでもよいとされている。

保護具着用管理責任者教育の科目と時間は、**表1－2**のとおり通達に示されており、実技科目1時間を含む計6時間の科目である。研修事業者が実施する研修を受講する場合は、④と⑤の科目について提供される内容のばらつきが大きいため、あらかじめ、自らの事業場が必要とする内容を習得できることを確認したほうがよい。

労働衛生保護具は、その取扱いにより作業者の生命に直結することから、保護具着用管理責任者が習得すべき知識としては6時間で決して十分とはいえないが、必要不

表1－2　保護具の管理に関する教育（令和4年12月26日付け基安化発1226第1号）

	科目	範囲	時間
学科科目	①　保護具着用管理	保護具着用管理責任者の役割と職務 保護具に関する教育の方法	0.5時間
	②　関係法令	労働安全衛生法、労働安全衛生法施行令及び労働安全衛生規則中の関係条項	0.5時間
	③　労働災害の防止に関する知識	保護具使用に当たって留意すべき労働災害の事例及び防止方法	1時間
	④　保護具に関する知識	保護具の適正な選択に関すること。 労働者の保護具の適正な使用に関すること。 保護具の保守管理に関すること。	3時間
実技科目	⑤　保護具の使用方法等	保護具の適正な選択に関すること。 労働者の保護具の適正な使用に関すること。 保護具の保守管理に関すること。	1時間
	合計		6時間

令和4年12月26日付け基安化発1226第1号の別表を整理したもの
実技科目：分割して行う場合、学科科目より前の日には行わないこと。

可欠なポイントを網羅したものであり、その後、実務経験を積みレベルアップしていくべきものである。今後、関係する全ての事業場にこうした基本的知識を持つ人材が配置されれば、労働災害の減少に寄与すると思われる。

①においては、保護具着用管理責任者の事業場内管理体制の下での役割や、法令に基づく職務を明らかにするとともに、職長等の管理者、労働者のそれぞれに対して必要な教育とその方法について学ぶ。

②は、0.5 時間と限られた時間ではあるが、安衛法令における保護具に関係する条項を学ぶ。特に、改正安衛則では、事業者に対し、従来の保護具の備え付けに加え、保護具を使用させる義務や努力義務が課されており、最新の法令に関する知識が必要であることに留意する。

③では、労働災害の事例を中心として、保護具の選択、使用、保守管理の重要性を再認識するとともに、化学物質を原因とする労働災害の多くが保護具に関連して発生していることを学ぶ。

④では、呼吸用保護具、皮膚障害等防止用の保護具の２つについて、それぞれ保護具の選択、使用、保守管理の詳細を学ぶ。呼吸用保護具が有害物を捕捉する原理を知り、その機能を活かして精密な構造を損なわないための理論を理解する。

⑤は、④を理解した上で、実際の保護具を手に取り、さまざまな種類に応じた特性、作業性の良し悪しや取扱い方法の実際、特に正しい着脱方法などを習得する。呼吸用保護具と保護手袋については、各人に対し、何らかの着脱方法の訓練は必須である。また、実務的観点から、主要な保護具については入手先や交換部品、市場価格も紹介するとよい。

呼吸用保護具：全面形、半面形の別、隔離式の形状、検定合格標章、しめひも、防じんマスクのろ過材、防毒マスクの吸収缶、電動ファン付き呼吸用保護具の機能など

保 護 衣：化学防護服タイプ３とタイプ５の素材の違い、ファスナーの形状など

保護手袋：各種素材による相違、装着感、強度、JIS 試験結果の表示など

※（性能表示のある（50 双入りなど）箱入り保護手袋については、各人に配布して着脱方法の訓練や二重装着などを行わせる。性能表示のないものは、強度やピンホール、溶着不良などのおそれがあるため推奨しないこと。）

保護眼鏡：スペクタクル形とゴグル形の違い、大きさや重さ、鼻や耳との接触部位、視力矯正用眼鏡や他の保護具との干渉など

事業場内で実施する教育においては、使用する可能性がある保護具を重点に進めて

もよいが、その他の最新の保護具について幅広く理解することもまた、作業の変更時等に役立つ。

(3) 事業場における保護具着用管理責任者教育の実施

保護具着用管理責任者教育は、多くの外部研修機関が実施しているが、事業者自らが実施することとしても差し支えない。各科目の範囲や時間は関係通達に示されているので、本書をはじめ一般に販売されている通達準拠の教材を活用して実施することができる。講師については、安全衛生団体に講師派遣を要請するか、外部の研修事業者が実施した教育の受講者を充てればよく、安全衛生団体の中には、事業場において保護具着用管理責任者を養成する上級者向けのコースを設け、⑤をより充実させているところもある。

事業者自らが保護具着用管理責任者教育を実施する（外部講師を招聘して実施するものを含む）場合は、後日、労働基準監督機関等の求めに応じて、選任要件を満たしている旨を明らかにできるよう、実施した講習の日時、実施者、科目、内容、時間数、担当講師、使用教材などを記録し保存しておく。図1－6、図1－7に、事業者が外部講師を招聘して保護具着用管理責任者教育を実施した場合の実施記録と受講者名簿の例を示す。

記録保存用

保護具着用管理責任者選任時研修

カリキュラム

実施日：令和　　年　　月　　日

実施者：(事業場)

講　師：

	時間	科目	範囲	講師
1	8.40-9.10 (30 分)	保護具着用管理	保護具着用管理責任者の役割と職務 保護具に関する教育の方法	
2	9.10-9.40 (30 分)	関係法令	労働安全衛生法、労働安全衛生法施行令及び労働安全衛生規則中の関係条項	
3	9.50-10.50 (60 分)	労働災害の防止に関する知識	保護具使用に当たって留意すべき労働災害の事例及び防止方法	
4	11.00-12.00 13.00-15.10 (180 分 / 休憩 10 分)	保護具に関する知識	保護具の適正な選択に関すること。 労働者の保護具の適正な使用に関すること。 保護具の保守管理に関すること。	
5	15.20-16.20	保護具の使用方法等 【実技】	保護具の適正な選択に関すること。 労働者の保護具の適正な使用に関すること。 保護具の保守管理に関すること。	

・令和 4 年 12 月 26 日付け基安化発 1226 第 1 号に基づくカリキュラム。

・全ての科目を修了した者は、安衛則第 12 条の 6 第 2 項に規定する保護具着用管理責任者の選任要件を満たす。

使用教材：「保護具着用管理責任者ハンドブック」(中央労働災害防止協会)

実施場所：

所定の科目につき講習を実施したことを証明します。

令和　　年　　月　　日

講師氏名

連絡先

図 1 − 6　保護具着用管理責任者教育の実施記録の様式例

記録保存用

保護具着用管理責任者選任時研修　受講者名簿

令和　　年　　月　　日

実施者：(事業場)

	氏名	所属・役職		備考
1				
2				
3				
4				

全ての科目を受講したことを証明します。

令和　　年　　月　　日

事業場名

(事務責任者)

図１－７　保護具着用管理責任者講習の受講者教育の様式例

(4) 保護具着用管理責任者のその他の選任要件

保護具着用管理責任者の選任要件「保護具に関する知識および経験を有すると認められる者」としては、上に述べた保護具着用管理責任者教育の受講以外にも、さまざまなものがある。保護具着用管理責任者の選任要件を**表１－３**に記す。

①から③までは、他の要件にも該当する上位の資格者であり、事業場に専属の者として配置され保護具着用管理責任者として選任されることはあまりないかもしれない。以下に、現実的な選任の方法をいくつか紹介する。

表１－３　保護具着用管理責任者の選任要件

①　化学物質管理専門家の要件に該当する者
②　作業環境管理専門家の要件に該当する者
③　労働衛生コンサルタント試験に合格した者
④　第１種衛生管理者免許又は衛生工学衛生管理者免許を受けた者
⑤　該当する作業に応じ、所定の作業主任者技能講習を修了した者
⑥　安全衛生推進者養成講習修了者その他安全衛生推進者等の選任に関する基準の各号に示す者
⑦　保護具の管理に関する所定の教育を受講した者

（令和４年５月31日付け基発0531第９号）

ア　第１種衛生管理者免許を受けた者の中から、保護具着用管理責任者を選任する方法

事業場において、必ずしも衛生管理者として選任されている必要はなく、社内に第１種衛生管理者免許所持者がいれば、保護具着用管理責任者として選任することができる。衛生工学衛生管理者免許を受けた者についても同様に選任することができる。

逆に、現に衛生管理者として選任されている者であっても、安衛則第10条に基づき、衛生管理者免許を受けずに選任された医師、歯科医師、教諭免状所持者等は、保護具着用管理責任者の選任要件を満たさない。

衛生管理者免許は、有効期限がないため、実際には、免許を受けてから相当の期間を経過し、その間に衛生管理者能力向上教育などにより新しい知識の習得を行わないと、特に関係法令や保護具の技術基準などの知識が十分でないことがある。

イ　特別則の対象事業場において、該当する作業に応じて、所定の作業主任者技能講習を修了した者を選任する方法

「有機溶剤作業主任者技能講習」、「鉛作業主任者技能講習」、「特定化学物質及び四アルキル鉛等作業主任者技能講習」の修了者が該当する。例えば、特定化学物質であるインジウム化合物を取り扱う事業場において、特定化学物質作業主任者として選任されている者を保護具着用管理責任者として選任して兼務させることもできるし、別の特定化学物質及び四アルキル鉛等作業主任者技能講習修了者を選任することもできる。

ただし、作業環境測定の評価の結果、事業場内に第三管理区分に区分された作業場所があり、作業環境を改善するための措置を講じても依然として第三管理区分であるため、呼吸用保護具による措置を講ずることとなる場合は、現に選任されている作業主任者とは別の者を保護具着用管理責任者として選任し（兼務できない）、その者に呼吸用保護具に関する事項について作業主任者を指導させる必要がある。

衛生管理者免許所持者と同様に、作業主任者講習を修了してから長期間を経過し、その間に、能力向上教育などにより必要な知識の習得を行わないと、関係知識が十分でないことがある。例えば、防毒機能を有する電動ファン付き呼吸用保護具の規格、要求防護係数に応じた適切な呼吸用保護具の選択、皮膚等障害化学物質等に対する保護具使用義務、皮膚障害等防止用の保護具の選定マニュアルなどは、保護具着用管理責任者の職務において必要な知識である。

ウ　安全衛生推進者の要件を満たす者を保護具着用管理責任者に選任する方法

安全衛生推進者の選任が必要な規模の事業場において、安全衛生管理を担当する職員が限られている場合など、現に安全衛生推進者に選任されている者を保護具着用管理責任者に選任して兼務させるほか、登録教習機関が行う安全衛生推進者に係る講習を修了した者、大学を卒業後１年以上安全衛生の実務に従事した経験を有する者、高等学校を卒業後３年以上安全衛生の実務に従事した経験を有する者、５年以上安全衛生の実務に従事した経験を有する者のいずれか（安全衛生推進者の選任要件を満たす者）を保護具着用管理責任者として選任することができる。

これらは、安全衛生推進者の選任が必要な規模の事業場に限定されるものではないため、常時使用する労働者数が 50 人以上の事業場においても、この要件を満たす職員を保護具着用管理責任者に選任することはできる。しかし、呼吸用保護具、皮膚障害等防止用の保護具についてともに知識と経験を有することが求められるから、保護

具に関連した労働災害が後を絶たない現状では、(2) に示した保護具着用管理責任者教育を受講させることが望ましい。特にがん原性物質など有害性が高い物質の取扱いや皮膚刺激性有害物質を多量に使用する場合、過去に化学熱傷などの労働災害が発生したことがある場合においては、要注意である。

(5) 保護具着用管理責任者の職務

保護具着用管理責任者は、化学物質管理者が選任された事業場において、リスクアセスメントの結果に基づく措置として行う労働者に対する保護具の使用に関し、次の事項を管理する。

① 保護具の適正な選択に関すること
② 労働者の保護具の適正な使用に関すること
③ 保護具の保守管理に関すること
④ 特別則で規定する第三管理区分場所における各種措置のうち、呼吸用保護具に関すること
⑤ 第三管理区分場所における作業主任者の職務のうち、呼吸用保護具に関する事項について必要な指導を行うこと

これらの職務に当たっては、厚生労働省労働基準局長名の関係通達に基づき対応することとされている。「防じんマスク、防毒マスク及び電動ファン付き呼吸用保護具の選択、使用等について」（令和 5 年 5 月 25 日付け基発 0525 第 3 号）（**附録 3** 参照）および「化学防護手袋の選択、使用等について」（平成 29 年 1 月 12 日付け基発 0112 第 6 号）（**附録 2** 参照）を参照すること。

なお、①から③までは、安衛則に、④および⑤は、特別則に規定された保護具着用管理責任者の職務であるので、特化則、有機則等の特別則で規制される化学物質を使用しない事業場においては、①から③までの職務が該当する。④および⑤の職務については、「3. 作業主任者との役割分担」で詳述する。

保護具には、防じんマスク、防毒マスク、保護衣、保護手袋、履物、保護眼鏡などさまざまな種類があり、事業場で製造し、または取り扱う化学物質の種類や作業状況により適正に選択する必要がある。特に皮膚障害等防止用の保護具の対象となる化学物質は、リスクアセスメント対象物に限られるものではないことに留意する。また、関係労働者に対して正しい使用方法を徹底すること、正しく保守管理することにより、初めて所要のばく露低減効果が得られるものであることに留意する必要がある。

3. 作業主任者との役割分担

(1) 特別則とそれ以外のリスクアセスメント対象物が混在する場合

特化則、有機則等の特別則の規制を受ける事業場であって、作業主任者の選任が義務付けられている場合は、特別則に基づき選任された作業主任者が、その特別則の対象物質を使用する労働者を直接指揮することとなるから、一義的には作業主任者が保護具着用の管理を含めて行うこととなる。しかし、有機則の対象となる有機溶剤と、それ以外のリスクアセスメント対象物を同時に取り扱う場合など、役割を明確に切り分けられない場合もあり、保護具に特化して知識と経験を有する保護具着用管理責任者がリスクアセスメント対象物全般について、2. の（5）の①から③までの役割を担うこととしてもよい。

なお、特別則の対象物質であっても、有機溶剤等を用いて行う試験または研究の業務や試験研究のための特化物の取扱いなど、作業主任者の選任が義務付けられていない事業場においては、専ら保護具着用管理責任者がその職務を行うこととなる。

(2) 特別則で規定する第三管理区分場所

特化則や有機則の規定に基づき実施した作業環境測定の結果の評価が、第三管理区分に区分された作業場所については、特別則の規定に基づき、第一管理区分または第二管理区分となるよう必要な措置を講ずる。必要な措置を講じても、依然として第三管理区分に区分されると考えられる場合は、特別則の規定に従って呼吸用保護具による現実的なばく露防止措置を講ずることとなるが、呼吸用保護具に関しては、保護具着用管理責任者が主導的な役割を担うこととなる。また、第三管理区分に区分された作業場所における作業主任者の職務のうち、呼吸用保護具に関する事項については、保護具着用管理責任者が必要な指導を行う。

特別則の規定に従って行う第三管理区分場所における措置については、第５編第３章を参照のこと。

第2章

保護具に関する教育の方法

1. 職長等に対する教育

作業に熟達している職長級の管理監督者は、担当作業者が行う作業の実務を隅々まで把握、管理している。労働者に保護具を正しく使用させることは、作業管理の基本であり、これに職長等の果たす役割は大きい。また、保護具着用管理責任者が行う保護具の適正な選択や保守管理においても、職長等の理解、実践が不可欠であるとともに、職長等を通じて作業者の意見を反映させることも必要な場合がある。

事業場における保護具着用管理責任者の実務的役割は、さまざまである。部門ごとに選任され、あるいは直ごと、出張先に行くグループごとに選任される事例も考えられるが、法令制度上は、事業場に1名選任されればよいこととされている。したがって、保護具着用管理責任者が現場に常にいるとは限らず、保護具着用管理責任者が不在の間も、保護具の適正な選択、使用等が行われなければならない。

保護具による健康障害防止措置は、労働衛生管理のうちの作業管理に分類される。つまり、保護具と労働者とを結びつける管理業務を事業者側が担う必要があるため、保護具着用に係る日ごろの管理は､職長など現場に常駐する管理者が行うこととなる。

職長に対する教育は、労働災害の防止に関する知識、関係法令といった基本事項のほか、事業場で実際に使用する保護具に限定してよいので、保護具に関する知識と実際の使用方法について、現場実務に役立つようわかりやすく行う必要がある。特別に高度な知識を期待するよりも、現場実務に関連する事項を中心に、大きな見落としがないようにすべきである。緊急時の対応に対する準備と訓練は、万一の際に現場判断が的確に行われ災害防止や被害の最小化に大きく寄与するし、連絡体制の整備は、組織として迅速かつ的確に判断を下せるために不可欠である。

以下は、日ごろ労働者の業務を管理する職長等に理解してもらうべき保護具着用管理のポイントである。

(1) 広く化学物質一般を対象とすること

特別則対象の限られた数の化学物質を対象とするのではなく、それよりはるかに多数のリスクアセスメント対象物や、それ以外の化学物質を広く対象として、ばく露低減を図る必要があることを理解させる。対象が拡大されたことをもって負担が大きくなるのではなく、リスクに応じて必要かつ十分な措置をとればよいというリスクアセスメントの考え方もまた重要である。

(2) 情報伝達の重要性

化学物質の危険性・有害性は、物質ごとにさまざまであり、取り扱う以上は利便性と同様にこれらも把握する必要がある。ラベルやSDSは、必要な情報を化学物質の譲渡・提供に伴い入手できるものであるから、現場の化学物質管理において最大限に活用すべきものである。

(3) リスクアセスメントと結果に基づく措置

リスクアセスメントの実施には、化学物資に関する情報に加え、作業状況など現場の情報もまた必要となること、リスクアセスメントの結果に基づき、講ずべき措置が変わってくることを理解させる。職長等によるリスクアセスメントの実務への関与は、理解の促進と改善によりよい効果をもたらす。

(4) 労働者の特性への配慮

労働者の技能や経験には幅があり、個々の労働者の特性に応じた対応が必要なこともある。職長が、労働者に教育訓練をしようとするときは、労働者の経験や判断力にばらつきがあることを前提とし、一律の教育訓練を一方的に行うのではなく、知識と経験に応じてカリキュラムを変えるとともに、定期的に理解度を確認することも重要である。

他の職種から転職、転換して間もない労働者は、知識が限られたり化学物質取扱いの経験が浅かったりすることもある。日本での生活に慣れていない外国人労働者は、業務の指示自体を日本語で理解したとしても、文化的な背景が異なるなどの事情で別の意味に解釈する、優先度を取り違えるといったことも考えられる。保護具についての意思疎通に行き違いが生ずることは、ときとして労働者の生命に直結することから、単に理解したかどうかを口頭で確認するだけでは不十分な場合がある。理解した内容を復唱させる、理解度を定期的に確認する、緊急時の保護具使用に関する訓練を実施するなどをさせることも考慮する。

2. 作業者に対する教育

担当作業者は、必ずしも保護具について十分な知識を持ち合わせていないことが多いが、自ら装着し、点検を行うなど、保護具着用において重要な役割を担う。作業者には、必要な知識を必要なタイミングで提供するとともに、必ず遵守すべき事項、決して行ってはいけない事項をもれなく理解させる。

(1) 集合教育

研修室などで、科目と範囲、時間を定めて、作業者が通常行う業務と、臨時に行う可能性のある業務を念頭に、ポイントを絞って行う。図表やリーフレット、チェックリストなどを活用して理解度を高める工夫をするとともに、修了時に小テストを行うとよい。管理的側面や、設備改善など、一般作業者になじみのない分野にまで漫然と広げて説明することは避ける。

(2) 現場指導

頭で理解した内容を、実際の作業で活用できるよう、必要に応じて現場で作業の中で確認し、指摘するなどにより指導する。保護衣、保護手袋の着脱訓練や、呼吸用保護具の日々のシールチェックなども含める。繰り返しの指導が必要となるため、職長等が中心的役割を果たす。(1) の内容と整合している必要がある。

(3) 実践訓練と確認

緊急時の対応など、定常的な業務に含まれない内容については、計画的に実践訓練を行い、達成状況を確認する。

正しい保護具の使用方法などについて、知識があり、実施する心づもりがあっても、ついうっかり間違えるということが往々にして起こる。結果として重篤な労働災害や漏えい事故につながるおそれがあるものについては、危険予知訓練などを導入することも有効である。

また、救急蘇生法に関する教育の成果は大きい。救急救命講習を修了した一般作業者が、職長等の管理者が不在の場合に、同僚に一次救命を行ったところ、救命に成功したという事例がある。心肺停止に際して一般人の使用が推奨される AED の使用法を含め、自治体消防部局や日本赤十字社が救急救命講習を実施しているので、活用するとよい。

(4) 労働災害発生等を踏まえた教育

化学物質を原因とする労働災害には、知識の不足に起因するとみられるものが一定程度含まれている。必要な保護具を使用しない、保護具の選択を誤る、保護具の使用方法を誤るなどの事態は、重篤な労働災害のおそれがある。結果的に軽度で済んだ自社の労働災害やヒヤリハット、公表された同業他社の災害事例などを教育教材として活用すると、一般作業者は真剣に理解してくれる。

◆第 2 編◆

労働災害の防止に
関する知識

第１章
化学物質のばく露のしくみ

職場における化学物質による健康障害には、知識の不足や誤りに起因して生ずるものが多い。化学物質を製造し、または取り扱う事業者は、その労働者に化学物質を使用させることになるから、化学物質の利便性と同様に、その有害性や労働者の健康影響についても理解しなければならない。しかし、化学物質のばく露により発現する症状は、化学物質の固有の性質に加え、ばく露の状況により千差万別であることから、診断と治療については専門的な知識を有する医師に委ねることとなる。

自律的な化学物質管理においては、事業者が、個別規制対象よりもずっと多くの種類の化学物質を幅広く管理することが求められることから、一般作業者、現場管理者、保護具着用管理責任者、化学物質管理者など事業場の構成員が、それぞれの立場で必要な知識をもつことにより、適正な化学物質管理を行う必要がある。

ここでは、保護具着用管理責任者として知っておくべき知識を、遭遇する頻度や影響の程度を勘案しながら整理して述べる。

1．現場対応からみた化学物質による健康障害

まず、現場管理者や労働者が実際に遭遇する可能性の高い、重篤な健康障害について概要を述べる。

(1) 高濃度のばく露による急性中毒

急性中毒は、一度に高濃度で大量の化学物質を吸入した場合などに発生しやすい。「高濃度」、「大量」とされる値は、化学物質ごとに違うため、あらかじめ安全データシート（SDS）などで確認しておく必要がある。短時間濃度基準値が設定されているリスクアセスメント対象物や、ACGIH（米国産業衛生専門家会議）で TLV-STEL（短時間ばく露限界値）、TLV-C（一瞬でも超えてはいけない天井値）などが設定されている物質には特に留意する。

　また、ヒトが鼻で感じる化学物質の臭気は、正しく機能する場合とそうでない場合がある。例えば、アンモニアは、1.5ppm 程度で多くの人が臭いを感じ、IDLH という退避が必要な濃度 300ppm より２ケタも低い濃度で気づくことができる一方、一酸化炭素は無色無臭であるため、致死に至る濃度まで気づくことができない。硫化水素は、化学工業で取り扱われる以外に、下水配管内などで有機物の分解によって発生し、ほぼ毎年死亡災害が発生している。硫化水素は、腐敗した卵の臭いで広く知られており、0.3ppm 程度でも臭いを感じる人がいるが、個人差が大きく、酸欠則などで定められた濃度 10ppm を超えたことがわかるとは限らない。さらに、100ppm 程度より高い濃度では、臭いを感じなくなる（嗅覚がまひする）性質があるため、硫化水素がなくなったと勘違いし、退避が遅れてしまう。このため、ヒトの嗅覚に頼ることなく、必要な測定器具を備えて、硫化水素の濃度を測定する。

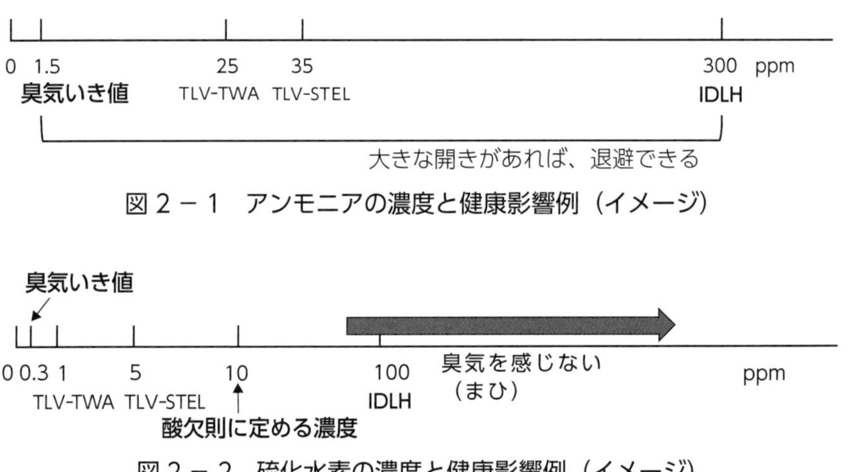

図２－１　アンモニアの濃度と健康影響例（イメージ）

図２－２　硫化水素の濃度と健康影響例（イメージ）

　有機溶剤のうち、ジクロロメタンは、安価で、油脂、接着剤、油性インクなどを落とす効果が高いため、従来、幅広く使われてきた。発がん性が問題になるにつれ取扱い量は減少しているが、揮発性が極めて高く、急性中毒も相次いでいる。沸点が 40℃であることを考えると、日本の夏の気候ではほぼ沸騰に近い状態であるから、壁紙の剥離などのためにジクロロメタンを広い面積に塗布すると、室内にジクロロメタンの蒸気が充満してしまう。眼を開けられないほどの強い刺激性の蒸気であり、壁面近くはもっとも濃度が高くなっている。ドアや空調により換気されたとしても、高濃度には違いない。有機ガス用防毒マスクを使用していても、ジクロロメタンでは、短時間（一般の試験ガスの４分の１未満）で破過して使用不能となったり、面体がずれた瞬間に高濃度の蒸気を吸入したりして、急性中毒となるおそれもある。

●コラム●　IDLH 値を知っていますか

化学物質によっては、吸い込んだだけで眼や呼吸器が激しく痛んだり、身体の機能を損ねたりして、その場から脱出できなくなって死に直結するものがある。米国労働衛生研究所 CDC/NIOSH は、直ちに生命や健康に危険を及ぼす濃度を IDLH 値として物質ごとに定め、公表している。

例えば、塩化水素 50ppm、アンモニア 300ppm、一酸化炭素 1,200ppm、シアン化水素 50ppm、アルシン 3ppm、二酸化炭素 40,000ppm、ジクロロメタン 2,300ppm、硫化水素 100ppm などである。

この IDLH 値は、急性毒性の指標の 1 つであり、プラントや建設工事現場で働く管理者や作業者が知っておくべき実務的な値である。慢性毒性の指標の多くは、これよりずっと低いこと、実際の濃度分布や個人差を考えると管理目標とはできないことなどから、日本では IDLH についてはあまり周知されてこなかったようだが、現実的には、これを大きく超える濃度のばく露を生じ死亡したとみられる事例が後を絶たない。自らが取り扱う物質について、死に直結する濃度がどの程度なのかを知っておくことも重要である。

Immediately Dangerous to Life or Health Values:
https://www.cdc.gov/niosh/idlh/intridl4.html

(2) 皮膚や粘膜への直接接触

化学物質は、吸入、経口、皮膚接触などさまざまな経路で体内に入る。一般に、揮発性の高い物質については、吸入によるばく露のほうが体内に吸収しやすいとして問題となることが多いが、実際には、皮膚や粘膜からも侵入する。少量でも有害性が問題となるがん原性物質や、染料・顔料として使われる芳香族アミンのような揮発性の低い物質については、皮膚や粘膜から侵入する化学物質であるため無視できないことがある。化学物質の皮膚や粘膜からの吸収は、吸入によるばく露と異なり、直接測定できない。

皮膚は、体内の水分を失わないよう、その一番外側の角質層により守られており、体外からの有害物の侵入も一定程度抑えてくれる。粘膜は、肺や胃腸、眼、鼻、口など身体の内壁にあり、表面は常に湿っているため、有害物からの防御性能は、皮膚よりも低い。

〇リスクアセスメントの結果に基づく措置

【関係する法令】安衛則第 594 条の 2（皮膚障害等防止用の保護具）など

●化学物質は、皮膚や眼からも侵入する。保護衣、保護手袋、履物、保護眼鏡等を備え付ける。

●不浸透性の保護手袋などの使用義務付け物質は、1,064 種類

・皮膚刺激性有害物質 868 種類：SDS で確認できる
　触れると痛みを伴う酸、アルカリ、アレルギー性物質など

・皮膚吸収性有害物質 320 種類：国が示すリストで確認する
　触れても分からないことがある
　⇒ 物質と作業方法に対応した保護具を選び、正しく使う。

●その他の物質についても、必要に応じて、保護衣、保護手袋、履物、保護眼鏡等を使用させよう。

特別規則対象物質	①皮膚刺激性有害物質 744物質	①かつ② 124物質	②皮膚吸収性有害物質 196物質

従来通り保護具着用の義務あり。

皮膚等障害化学物質 1,064物質
令和６年４月１日から保護具着用が義務化された

ア　皮膚等を刺激する物質

酸やアルカリなど、皮膚等を刺激する物質には直接接触させてはいけない。SDS には、GHS 分類の区分が示されており、皮膚刺激性有害物質かどうかを確認することができる。SDS にある「皮膚腐食性・刺激性」「眼に対する重篤な損傷性・眼刺激性」「呼吸器感作性又は皮膚感作性」のいずれかで区分１とされていれば、皮膚刺激性有害物質である。国の GHS 分類としては、特別則の対象を除き、868 種類の皮膚刺激性有害物質が示されている。感作性とは、アレルギーのことであり、(3) で詳しく述べる。

2. 危険有害性の要約
　GHS 分類
　健康に対する有害性
　　皮膚腐食性・刺激性　区分 1
　　眼に対する重篤な損傷・眼刺激性　区分 1

図２－３　酢酸の SDS 情報（抜粋）

イ　皮膚等をすり抜けて体内に健康障害を生じさせる物質

皮膚等の接触部位で刺激をしないが、すり抜けて体内に入り、中枢神経、造血細胞、肝臓、腎臓、膀胱などに障害を引き起こす物質がある。皮膚等を通じていったん体内に入ってしまうと、血液などにより全身に広がるので、吸入ばく露した場合と同様に

全身症状があらわれる。

皮膚吸収性有害物質は、SDS に示された情報では判別できないことがあり、国がリストにより 320 種類を示している。このうち、124 物質については皮膚刺激性有害物質でもあり、皮膚等に接触した際に気づくが、それ以外については、皮膚等から体内に侵入していることに気づかず､長期間にわたりばく露して遅発性の健康障害（膀胱がんなど）を引き起こすおそれもある。

(3) 吸入や皮膚接触によるアレルギー

SDS に示されている国の GHS 分類には、呼吸器感作性、皮膚感作性という聞き慣れないものが含まれている。吸い込んだり皮膚に接触したりすることでアレルギー症状を示すことがある物質である。アレルギーは、ヒトの個体との相互作用で生ずることから、200 人のうちたった１人に症状が出るといった種類のものである。皮膚感作性は、接触部位がただれたり炎症を起こしたりする。ニッケル製の装飾品による皮膚のはれなどで知られているが、業務上では、クロム、コバルト、ホルムアルデヒド、イソシアネート類などでも起こる。

吸入によるアレルギーは、喘息症状を伴うことが多く、気道がふさがり息を吐けなくなり、短時間で呼吸困難になってしまう。

感作性物質については、これまで作業者間に症状が出ないことをもって大丈夫とはいえないため､SDS に示されている国の GHS 分類による有害性情報の確認が必要である。

表２－１　症状と感作性物質の例

症状	感作性物質の例
喘息	トリレンジイソシアネート（TDI）、メチレンビス（4,1- フェニレン）＝ジイソシアネート（MDI）、ニッケル、コバルト
アレルギー性接触性皮膚炎	TDI、MDI、フェノール、ホルムアルデヒド、エポキシ樹脂、芳香族ニトロ化合物（ニトロベンゼン、クロロニトロベンゼンなど）、クロム、ニッケル、水銀、ベリリウム、コバルト

(4) 職業がんその他の遅発性影響

化学物質の有害性のうち、発がん性や生殖毒性といった遅発性影響については、全てが解明されているわけではないため、新たな知見が見つかることがある。１つの事業場の従業員の間に、通常では考えられないような精子減少がみられたり、若年者ではめったに発症しない種類のがんが複数発生したりといった状況が判明すると、化学物質以外の他の要因も含めて精査して、因果関係を確認する作業が行われる。また、動物試験などのデータからも、ヒトへの発がんの可能性などが調べられている。そのようにして、重篤な遅発性影響が判明した化学物質については、製造や取扱いに当たり講ずべき措置が定められてきたが、これまでに判明したのはごく一部だということである。

自社で使用している化学物質が、後日、職業がんの原因物質と判明する可能性は、特に長年にわたり世界中で使用されてきた物質に限れば、それほど高くないと考えられるが、それでも、ばく露の程度を最小限度とする、素手で触れないようにするといったばく露防止措置は必要である。

ここで、遅発性影響とは、ばく露してから５年、10年のみならず20年以上も視野に入れる必要があるものであり、20歳代における化学物質のばく露歴が、その後全く従事歴がなくとも50歳代での発がんの原因となる場合もあるということである。法令で定められた特定の物質、すなわち特化則の特別管理物質44種類と、安衛則のがん原性物質198種類については、作業の記録や健康診断の記録等を30年間保存する義務がある。

2. 健康障害の病理

保護具着用管理責任者は、作業現場における労働者の直接の指揮や交替制勤務の直ごとの選任が求められる作業主任者と異なり、事業場全体または与えられた部門において、保護具の適正な選択、使用、保守管理を行う立場にあるから、化学物質による健康障害についての知識が必要である。また、化学物質による健康障害のリスクは、化学物質の種類だけでなくそのばく露の状況にもよるため、事業場で行われる作業の実態についても把握しておく必要がある。

1. に示した現場対応とも一部重複するものの、以下に、保護具着用管理責任者として知っておくべき「健康障害が発症するしくみ」をあらためて整理しておく。

(1) 化学物質の物理化学的性質と体内への侵入経路

ア　吸入

液体状物質は、ガス、蒸気として吸い込むことにより肺から吸収されて全身に循環する（図２－４)。皮膚刺激性有害物質などでは、その過程で、鼻、喉、気道などをただれさせることもある。

粒子状物質については、吸い込む際に、その粒径により肺まで到達する場合とそうでない場合がある。

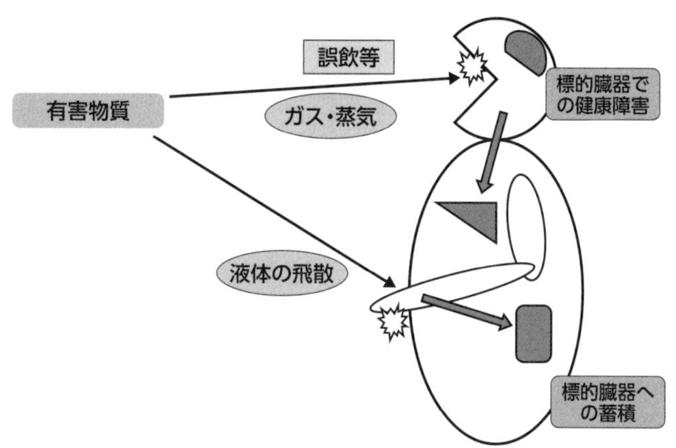

図２－４　液体状物質のばく露経路

イ　皮膚接触

液体状物質は、液体のままあるいは蒸気として皮膚等に接触し、皮膚を通過して体内に吸収されて全身に循環する。皮膚刺激性有害物質などでは、その過程で、皮膚に炎症を起こすこともある。一部の物質は､皮膚の組織（皮下脂肪など）に蓄積される。粒子状物質については、皮膚等に付着した際、その物性、他の物質の存在や表面の水分の状況により吸収性が異なる。

ウ　誤飲等

液体状物質や粒子状物質などを誤って飲み込んでしまうと、食道から胃に送られ、主に胃腸で吸収される。物質によっては胃の表面を傷つけたり、胃酸と反応して有毒ガスを発生したりするものがある。

(2) 化学物質による障害の種類

吸入ばく露、皮膚接触、誤飲等により体内に入った化学物質は、血液やリンパ循環系などにより全身に送られる。化学物質の体内での動きは複雑で、各臓器への影響もさまざまである。

誤飲等により胃腸に入った化学物質は、栄養等と同じように胃腸壁で吸収されるといったん全て肝臓に送られる。また、血液に入った化学物質が脳に送られる際には、成人については、その種類や大きさにより厳しく選別され（バリアが働く）、脳が保護されている。

ア　中枢神経抑制作用

ほとんどの溶剤に、中枢神経をまひさせる作用があり、さまざまな神経系への影響が出る。頭痛、めまい、記銘力低下、視力低下のほか、歩行障害や物がつかめないといった症状が出ることがある。

イ　肝臓の障害

体内に取り込まれた化学物質は、肝臓で酵素の働きにより無毒化しようとするが、結果として逆に毒性が高くなってしまう場合もある。また、その過程でさまざまな物質が出てくることがあり、肝臓の組織が傷つくことも多い。また、肝臓から胆汁として腸に送られ便として排出されるものもある。

ウ　腎臓や膀胱の障害

一部の化学物質は、血液で全身を循環しながら腎臓、膀胱を経由して尿として排泄される。腎臓や膀胱では化学物質が濃縮されることとなり､影響を受けることがある。

エ　その他

汗や皮膚、爪や毛髪（水銀など）として少しずつ排出される物質もある。揮発性の高い化学物質は、呼気から排出されることがある。

このように体内に取り込まれた化学物質は、何らかの形で分解されたり排出されたりするが、どの程度の時間を要するかは、化学物質により大きな開きがある。重金属など、ばく露から数年を経ても血中濃度がなかなか低下しないことがある。

(3) 症状から見た化学物質による健康障害

職場において、労働者の体調不良が生じた場合、必ずしも化学物質が原因とは限らないが、化学物質を取り扱う事業者は、関係する化学物質による健康障害として見逃してはならない症状を知っておくべきである。ここでは、網羅することはできないが、知っておくべき一般的な知識をいくつか紹介する。

ア　化学物質に特有の症状

酸、アルカリ、溶剤の一部で、刺激性の物質による息苦しさ、眼、鼻、口の炎症、皮膚のただれなど、化学物質によることが明らかなものがある。

溶剤による中毒症状としては、頭痛、めまいなどに始まり、ひどいと物をつかめない、まっすぐ歩けないといった明らかな異常がみられることがある。症状のみで判断すると熱中症などと区別しにくい場合もあるが、職場で酩酊状態のような症状がみられた場合は、一刻を争う。

鉛中毒としては、鉛のヒュームを大量に吸入した場合に急性中毒を起こすことがあるほか、慢性中毒にも注意が必要である。鉛の取扱業務において、初期症状として、「体がだるい」「疲れやすい」、症状が進むと「イライラする」「眠れない」といった症状が出る。腹痛、便秘、下痢などの腹部症状や貧血が出ることもある。鉛取扱業務がないように見えても、過去の鉛含有塗料（錆止め剤など）をはがす作業などにより、鉛粉じんにばく露することがある。

その他、重金属による中毒症状など、医学的に明らかにされているものも多くあるが、取扱い状況に応じて、想定される症状をあらかじめ確認しておくべきである。

イ　一般的な疾病と紛らわしい症状

感作性物質へのばく露は、アレルギー症状が風邪や喘息など一般的な症状と区別しにくいこと、同一作業グループの中で特定の労働者にのみ症状が出ることから、化学物質が原因であることに気づくのが遅れることがある。急性の症状が出て医療機関で診察を受けても、使用していた化学物質を正しく伝えないと原因が判明せず、治療に支障が出たり、再度同じ症状が出たりすることにもなる。

また、液晶ディスプレイの透明電極材料などに用いられるインジウム化合物では、間質性肺炎を生じ、呼吸器症状がみられることがある。

金属熱の知識も必要である。亜鉛やマグネシウムなどのヒュームには酸化物が含まれており、吸入して数時間後に、悪寒、発熱、関節痛などの症状がみられることがある。安静にしていると数時間後には解熱し、回復することが多い。金属熱を引き起こす物質はほかにもあるとされているほか、テフロンなどのポリマーが熱分解して生成する微粒子の吸入によっても同様の症状がみられることがある。

3. 粉じんによる職業性疾病

粉じんを長期間にわたり吸い込み続けると、じん肺を発症するおそれがある。無機性の微細な不溶性・難溶性の粒子であれば種類を問わず発症するものと考えたほうがよい。粉じんが原因で肺の組織が線維化して機能しなくなり、しかも粉じんの吸入をやめても線維化が止まらない進行性の疾患である。

初期には、自覚症状は見られないが、進行すると、肺でのガス交換が十分にできなくなり、咳、痰、呼吸困難を生じるとともに、他覚症状として、皮膚や唇が青白く見えるチアノーゼの症状がみられるようになる。

また、じん肺が進行すると種々の疾病が合併、続発してくるほか、肺がんにつながることもある。

粉じんを伴う作業はさまざまであるが、**表２－２**に示す職場はいずれもじん肺が多く発生していることに留意する必要がある。また、目に見える大きさの粉じんより

表２－２　じん肺の発生が多くみられる職場の例

じん肺	起因物質	主たる発生職場
珪肺	遊離珪酸（石英）	採石業、採鉱業、隧道掘削、窯業、鋳物業、セメント製造業等
石綿肺	石綿	石綿加工業、石綿セメント製造業、石綿含有建材解体業等
滑石肺	滑石（タルク）	滑石粉砕作業、ゴム工業等
ろう石肺	ろう石	ガラス溶融用坩場製造業
珪藻土肺	珪藻土	珪藻土採掘、粉砕作業等
アルミニウム肺	アルミニウム	アルミニウム粉末製造等
アルミナ肺	アルミナ（酸化アルミニウム）	アルミニウム再生等
ボーキサイト肺	酸化アルミニウムと珪酸	ボーキサイト精錬作業等
鉄肺	酸化鉄と珪酸	赤鉄鉱採鉱作業等
溶接工肺	酸化鉄と珪酸	電気溶接作業、ガス切断作業、グラインダー作業等
硫化鉱肺	硫化鉄鉱と珪酸	硫化鉱採鉱作業、硫酸工場原料粉砕作業等
黒鉛肺	黒鉛	黒鉛精錬鉱業、電極製造等
炭素肺	カーボンブラック	製畳作業、ゴム製造、塗料・インキ製造等
活性炭肺	活性炭	活性炭製造等
炭鉱夫肺	石炭粉じんと珪酸	炭鉱の採炭、支柱作業等

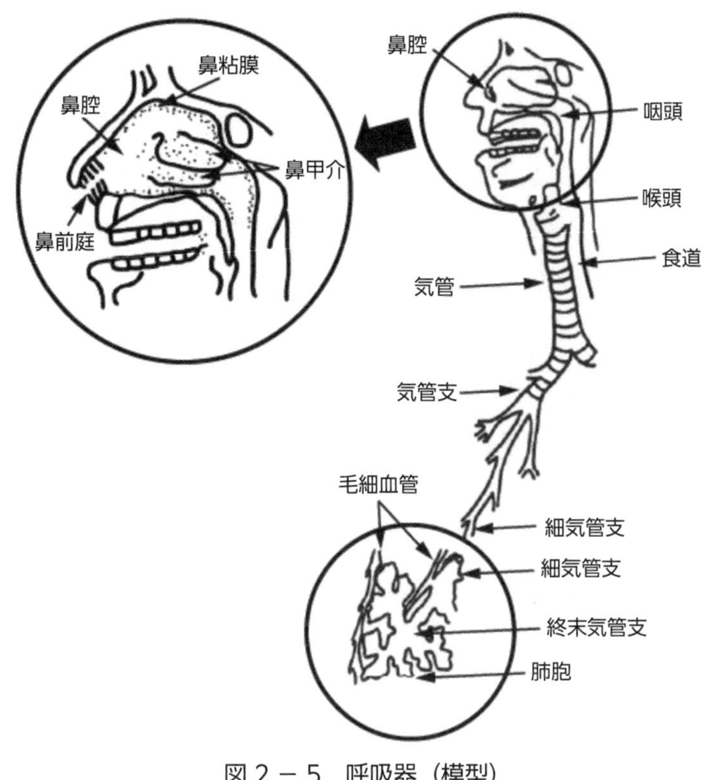

図２－５　呼吸器（模型）

も、目に見えない微細な粒子に注意する必要がある。図２－５は、肺の組織の模式図である。目に見えるような大きい粒径の粉じんは、その大部分が鼻腔や喉でとどまり、それよりやや小さい粒径の粉じんも、大部分が気管や気管支の壁面に捕らえられ、内側に生えている微細な毛で喉まで送られ痰として排出される。しかし、極めて微細な粒子は、気管支から細気管支を通って肺胞まで達する。不溶性の鉱物や金属の微細粒子は、そこに長期間消滅せずにとどまり、肺胞の細胞を繊維化してしまう。

したがって、粉じん作業に当たっては、粉じん自体に毒性が高い場合を除き、鼻や喉を詰まらせるような大きい粒径の不快な粉じんはもとより、目に見えないほど小さくあまり気にも留めない微細な粒子に着目して、換気装置や防じんマスクなどの呼吸用保護具により除去し、ばく露しないようにする必要がある。

4．発がんのおそれのある化学物質

化学物質の製造、取扱い等に伴う健康障害は、昭和 30 年代から大きな社会問題を繰り返し引き起こし、そのたびに関連する化学物質の規制が強化されてきた。特に遅発性影響のひとつである職業がんについては、最近にも例がある。特別則に基づく個別規制としては、特化則で規定する特別管理物質などの定めがあるが、自律的な化学物質管理に伴い新たに規制対象となったリスクアセスメント対象物についても、ヒトに対する発がん性を有する物質が含まれている。このため、リスクアセスメント対象物のうち、厚生労働大臣が告示で定めるがん原性物質については、特化則の特別管理物質と同様の管理が求められるものである。

○がん原性物質は、取扱いに特別の注意が必要

【関係する法令】安衛則第 577 条の 2 第 11 項、特化則第 38 条の 4 など

- 特化則の特別管理物質、安衛則のがん原性物質は、職業がんなどを念頭においたリスト。わずかなばく露にも注意が必要。
- がん原性物質は、令和 6 年 4 月 1 日現在で 198 種類とされている。右の QR コードから国が公表するリストを参照する。
- がん原性物質の製造、取扱いには、労働者のばく露の状況や従事歴の記録と 30 年間の保存義務など厳重な対応が必要。

がん原性物質リスト
2024.4.1

(1) 特別管理物質とがん原性物質

リスクアセスメント対象物のうち、ヒトに対する発がん性が知られている、またはおそらく発がん性がある物質については、安衛則に基づく厚生労働省告示においてが

表２－３　特別管理物質とがん原性物質の比較

種類	特別管理物質	がん原性物質
母体	特定化学物質 81 物質	特別則以外のリスクアセスメント対象物773物質
	人体に発がんなど遅発性の健康障害を与えるもの。特別有機溶剤を含む。	GHS で発がん区分 1 に分類されたもの（飲用リスクであるエタノールを含まない）。
根拠法令と物質数	特化則第 38 条の 4 44 物質	安衛則第 577 条の 2 第 11 項 198 物質（令和 6 年 4 月 1 日適用分）
物質の例	塩化ビニル、クロロホルム、四塩化炭素、スチレン、ジクロロメタン、ベンゼン、メチルイソブチルケトン	アクリルアミド、ビフェニル、1,3- ブタジエン、アクリロニトリル、酢酸ビニル、ヒドラジン、塩素化ビフェニル
特別の措置	・１月ごとの作業記録 ・各種記録の 30 年間保存	・１年ごとの作業記録 ・各種記録の 30 年間保存
備考	母体は増加しないが、新知見により変更可能性	告示に物質名なし 母体対象物や GHS 分類により増加する

注）がん原性物質のリストは、上記 QR コードに示す厚生労働省 WEB で確認できる。右上の更新日に注意（予告なく変更される）。

ん原性物質として取り扱われる。令和6年4月1日時点でがん原性物質として適用されるリスクアセスメント対象物は198物質であり、リスクアセスメント対象物ではあっても特化則の特別管理物質44物質は含まれていない。従前からある特化則の特別管理物質と、安衛則に基づくがん原性物質との比較を**表2－3**に示す。備考欄に記載のあるものを除き、安衛則別表第2に規定する通知の裾切値4以上を含むものが対象となる。**附録6**に示すとおり、厚生労働省ホームページに記載されたがん原性物質リストを参照のこと。ただし、事業者がこれらの物を臨時に取り扱う場合は、30年間保存の対象から除外される。

(2) リスクアセスメントの結果に基づき講じた措置等の記録と保存

化学物質のばく露による発がんは、微量のばく露であっても発症可能性を高めるおそれがあるため、発がん性が問題となる化学物質については、許容されるばく露レベルを設定することができず、皮膚等への直接接触も許容することができない。また、ばく露から長期間（がんの種類により少なくとも2年、5年以上などとされ、20年後に発病する事例もある）を経て発症することを考慮し、リスクアセスメントの結果に基づき講じた労働者の危険または健康障害を防止するための措置等に関し、記録とその30年間の保存が義務付けられているものがある。**表2－4**に掲げる事項を、1年を超えない期間ごとに1回、定期に、記録を作成し、3年間または30年間保存する必要がある。

特に、ばく露の状況の記録は、仮作成した日々の記録をそのまま綴るのではなく、

表2－4　リスクアセスメントの結果に基づき講じた措置等の記録（がん原性物質）

号別*4	記録すべき事項	保存期間
1	リスクアセスメント対象物に労働者がばく露される程度を最小限度とした措置の状況 リスクアセスメント対象物に労働者がばく露される程度を濃度基準値以下とした措置の状況*1 健康診断の結果に基づき講じた措置の状況*2	3年
2	業務に従事する労働者のばく露状況	30年
3	労働者の氏名、従事した作業の概要、作業に従事した期間 がん原性物質により著しく汚染された事態の概要および事業者が講じた応急の措置の概要*3	30年
4	関係労働者の意見の聴取状況	3年

＊1　濃度基準値が設定されたリスクアセスメント対象物を製造し、または取り扱う業務を行う屋内作業場に限る。
＊2　リスクアセスメント対象物健康診断の結果に基づき、必要な措置を実施した場合に限る。
＊3　がん原性物質により著しく汚染される事態が生じたときに限る。
＊4　号別は、労働安全衛生規則第577条の2第11項の号を示す。

長期間保存後に閲覧される可能性を想定し、簡潔かつ明瞭に記載するよう努める。作業記録の様式に定めはないが、法定事項をもれなく記載すること。**図２－６**に作業記録の例を示す。**表２－４**の１および４についても措置等の記録として作成し、３年間保存する。

作業記録の例

作業記録の様式に定めはなく、法定事項が含まれていればよい。
がん原性物質を対象に、月別に作成した例
労働者のばく露の状況を含む

□□(株)◎◎工場　　年　　月分　　　　**保存期間：30年**

労働者氏名	従事した作業の概要	作業に従事した期間	ばく露の状況	著しく汚染される事態の有無	著しく汚染される事態の概要および応急措置の概要
○○○	作業内容：合成皮革の貼り合わせ作業 作業時間：7時間/日 塗布液の使用量：500L/日 使用温度：室温30℃ 対象物質：○○ 10% 換気設備：全体換気装置 保護具：保護手袋、半面形防毒マスク	○月○日 ～ ○月○日	数理モデルで濃度基準値以下を確認 保護手袋を正しく使用 汚染時の吸入、皮膚からのばく露は極めて小さい	有り ○月○日 ○時○分頃	塗工室において塗布液の補充作業中に塗布液をこぼして左脚に2Lほどかかる。 直ちに脱衣し水洗浄後、病院を受診 (塗布液のSDS添付)
●●●	作業内容：ウエスを用いた脱脂洗浄作業 作業時間：6時間/日 塗布液の使用量：1L/日 使用温度：室温30℃ 対象物質：○○ 100% 換気設備：外付け式局所排気装置 保護具：保護手袋	○月○日 ～ ○月○日	測定により濃度基準値以下を確認 保護手袋を正しく使用 汚染時の吸入ばく露により濃度基準値を超えた可能性	有り ○月○日 ○時○分 ～ ○時○分	局所排気装置のダンパーを閉じたままであったため、その間、洗浄溶媒の蒸気にばく露したおそれ。 2日後に健康診断を受診 (洗浄液のSDS添付)

図２－６　作業記録の例

第２章

保護具に関連する災害

労働衛生保護具には、化学物質の吸入や皮膚・粘膜への直接接触を防止し、労働者を保護する役割がある。最終的に保護すべき労働者に最も近い場所での対策であるという特徴があるが、換気装置などの設備対策と異なり、留意すべき点や制約がある。

1．保護具でできること、できないこと

(1) 呼吸用保護具

揮発性液体や微粒子などの化学物質は、発散源から空気中を拡散し、最終的に労働者が吸入する。有害物を労働者の近くで除去する呼吸用保護具は、労働者が行う作業に紐づけられ、作業管理に分類される。作業場全体に拡散した有害物のうち、労働者が吸入する割合はごくわずかであるから、作業場所全体を換気するなどの作業環境管理に比べると、効率的だということもできる。特に、労働者の数や行動範囲に対して作業場が広い場合、屋外の作業場の場合、労働者が広い範囲を移動する場合、臨時の作業を行う場合などでは、呼吸用保護具によるばく露防止措置は、なくてはならないことがある。

また、換気装置による発散源対策が可能な場合であっても、管理濃度や濃度基準値が著しく低い化学物質などでは、作業環境管理のみで数値目標を達成することが困難なため、呼吸用保護具によるばく露防止措置が必要なこともある。

さらに、建築物の貸与を受けて使用する、作業場が狭あいな建物にあり換気装置のダクトを設置できないなど、施設面での制約により、大掛かりな換気設備の設置・稼働が不可能な場合もある。有害物の濃度によってそもそも作業を行うことができない場合もあるが、呼吸用保護具の使用によりばく露の程度を低減して作業することができる場合もある。

(2) 皮膚障害等防止用の保護具

化学物質は、皮膚や眼に直接接触することによっても健康障害につながることがある。研究施設のように、囲い式フードの局所排気装置を設置・稼働し、吸入ばく露防止措置を講ずることにより、防毒マスクの使用を要さない場合であっても、装置内の化学物質取扱いにおいて、保護手袋の使用や万一の液はねに備え保護眼鏡の使用が必要な場合がある。

(3) 作業管理としての労働衛生保護具

労働衛生保護具は、着用する労働者への負担に考慮する必要がある。呼吸用保護具は、着用者の呼吸を制限して息苦しさを増すから、高温環境下や作業負荷の大きい作業（重筋作業など）では、特に注意が必要である。また、保護手袋や保護眼鏡は、作業性への影響が大きく、選択や使用方法を誤ると、作業そのものに支障が生ずるので、指示に反して、必要な場面で労働者が装着しないといった事態も起こり得る。

(4) 労働衛生保護具の限界

労働衛生保護具は、単独で常に万全とは言えず、限界があることを承知しておく。例えば、次のようなものが考えられる。

・種類や濃度が不明な有害物質には限界
・有害物質の通過をゼロにはできない（防じんマスクの粉じん捕集効率など）
・防毒マスクの破過
・面体と顔面との間の漏れ
・保護手袋における化学物質の透過
・送気マスクの故障

2. 保護具を使用しないことによる災害

保護具に関連する労働災害は多いので、過去の労働災害の分析や、今後起こり得る災害の想定により、労働災害を未然に防ぐようにする。

以下は、保護具を使用しないことによる労働災害事例である。

(1) 事例1：塗装工場の清掃時における水酸化ナトリウムによる皮膚障害

ア　災害発生状況

塗装工場（A工場）における上塗ブースの槽内において、槽内の沈殿物を取り除く作業をしていた作業者（C業者からB請負業者へ派遣された労働者）が槽内の水酸化ナトリウムが溶解している水溶液を浴び、化学熱傷を負った。

災害発生当日、作業前に作業者全員にビニール手袋が配布されたが、皮膚障害等防止用の保護具は全く備えておらず、また、作業者は、通常の作業着に防水機能を有するヤッケ、市販のゴム長靴の服装であり、不浸透性の保護衣、保護手袋、履物、保護眼鏡を使用していなかった。

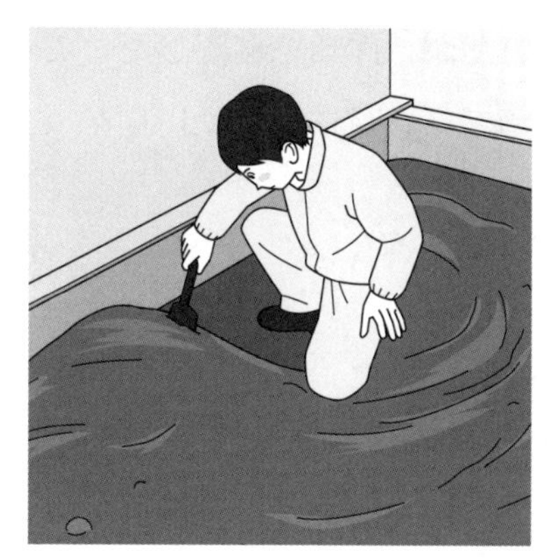

水酸化ナトリウムの有害性情報等

潮解性のある白色固体	
皮膚腐食・刺激性	区分1
眼に対する重篤な損傷性・刺激性	区分1
特定標的臓器毒性（単回ばく露）	区分1

イ　災害発生の原因

水酸化ナトリウム水溶液を取り扱う労働者に、不浸透性の皮膚障害等防止用の保護具を使用させなかったこと。不浸透性の皮膚障害等防止用の保護具を備えていなかったこと。

作業開始前に、塗装ブース内の物質の有害性に関し、A工場からの説明がなく、B請負業者も確認しなかったこと。

ウ　再発防止対策

- 有害物を取り扱う作業の発注者は、あらかじめ、施工業者に対して事前に取り扱う物質の有害性等を通知する。
- B請負業者は作業者に対して取り扱う物質の有害性、講ずべき対策等について教育を実施する。
- 槽内の水溶液が槽外に出るのを防ぐため、蓋を被せる等を行い、槽の開口を必要最低限にする。

・水酸化ナトリウムとの接触を防ぐために、不浸透性の保護手袋、保護眼鏡を使用させる。また、取扱量に応じ、全身を防護できる保護衣を着用する。

(2) 事例２：吹き付け塗装作業における肺の炎症

ア　災害発生状況

自社作業場（倉庫）内において、被災者２名が建材見本を作成するため、養生フィルムを使って簡易的な塗装ブースを作り、スプレーガンを用いて吹き付け塗装を行っていた。塗料はフッ素系ポリマーを含むものであった。両名とも徐々に動悸が起こる、喉に違和感を覚え咳が出始める等の症状が発生していたが、作業を継続したところ、後に肺が炎症を起こしていることが判明したもの。防毒マスクは使用していなかった。

イ　災害発生の原因

換気の悪い倉庫内で、有効な呼吸用保護具を使用せずに吹き付け塗装作業を行ったこと。取り扱う塗料の危険性・有害性を、SDS 等によりあらかじめ確認しなかったこと。

ウ　再発防止対策

・塗装作業時に全体換気装置等による換気を行い、かつ、労働者に呼吸用保護具の使用を徹底する。

・作業に先立ち、管理者は、SDS 等によりあらかじめ取り扱う化学物質の危険性・有害性を確認する。リスクアセスメントを実施する。

(3) 事例３：パーツクリーナーを用いた床清掃時の中毒

ア　災害発生状況

工場において、床面に付着しているテープ糊痕を落とす作業で、たまたま作業場に置いてあったスプレー式のパーツクリーナー（石油系溶剤）を糊痕に吹き付けながら手作業で剥ぎ取り作業を行っていたところ気分が悪くなった。救急車で病院へ搬送されたが、四肢しびれや呼吸困難があり、検査の結果、急性薬物中毒と診断された。なお、剥ぎ取り作業時、工場常設の換気扇は稼働していたが、防毒マスク等の呼吸用保護具は使用していなかった。

イ　災害発生の原因

床清掃に使用したパーツクリーナーに含まれる石油系溶剤を吸入したこと。有機ガス用防毒マスク等の呼吸用保護具を使用していなかったこと。パーツクリーナーを噴霧した床面が広かったため、多量の石油系溶剤が蒸発したうえ、呼吸域の近くに高濃度の溶剤蒸気が滞留したと考えられる。

ウ　再発防止対策

・あらかじめ SDS 等により使用する化学物質の危険性・有害性を確認しておく。有機溶剤を記載されている用途以外に使用しない。
・リスクアセスメントの結果に応じて、ドアや窓を開放するなど換気を行うとともに、必要に応じて有機ガス用防毒マスクを使用させる。
・必要に応じ、皮膚障害等防止用の保護具を使用させる。

3. 保護具の選択誤りによる災害

保護具を使用していたものの、選択誤りによる労働災害も後を絶たない。以下に、典型的な誤用例と災害事例を示す。

(1) 酸素欠乏空気に対し効果のない防じんマスク等の誤用

酸素濃度 18% 未満の空気は、酸素欠乏空気であり、吸い込むと酸素欠乏症となり死に至ることもある。防毒マスク、防じんマスク等のろ過式呼吸用保護具を使用しても、酸素が供給されることはないから、酸素欠乏空気に対しては効果がない。

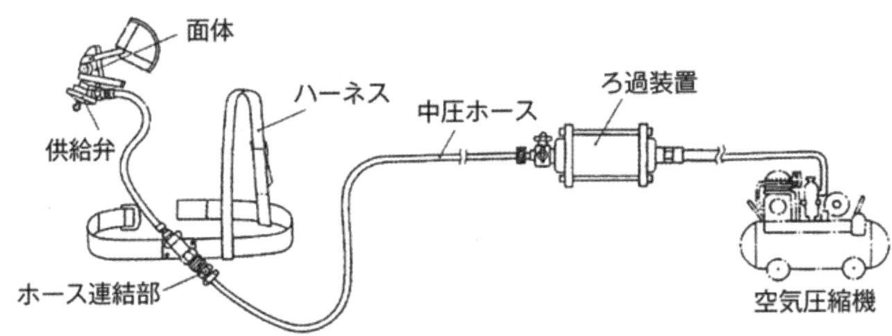

図２－７　デマンド型エアラインマスクの構造例

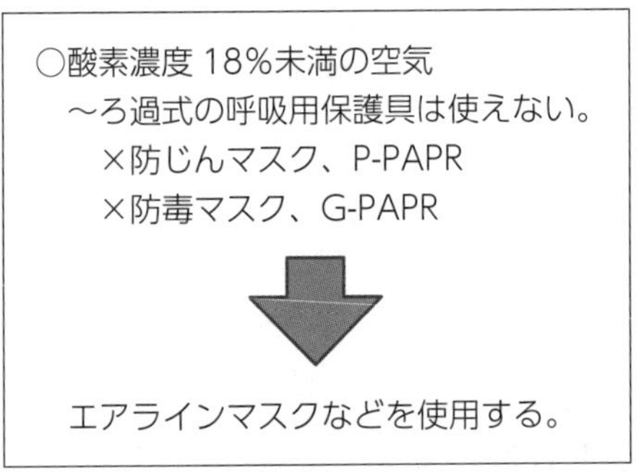

酸素欠乏空気は、酸欠則に掲げる長期間使用されていない井戸等の内部、雨水が滞留しているマンホールやピットの内部、サイロの内部などはもちろんのこと、建築工事で断熱材を吹き付ける不活性ガスや地下駐車場の不活性ガス消火設備の稼働などによっても生ずる。

「防じんマスク、防毒マスク及び電動ファン付き呼吸用保護具の選択、使用等について」（令和５年５月 25 日付け基発 0525 第３号）（**附録３参照**）においては、「4 呼吸用保護具の選択」の冒頭で、酸素欠乏のおそれがある場所では、給気式呼吸用保護具の中から有効なものを選択することとしている。

(2) ガス状物質に対し効果のない防じんマスクの誤用

防じんマスクや P-PAPR は、粒子状物質を捕捉する機能を持つが、ガスや蒸気などガス状物質に対しては効果がない。

臭素ガスに対しては、ハロゲンガス用防毒マスクを選択する必要があるが、誤って防じんマスクを使用すると、臭素ガスをそのまま吸入してしまうことになる。

また、スプレー塗装などで、塗料粒子やミストとともに有機溶剤蒸気が存在する環境において、誤って活性炭入り防じんマスクを使用すると、有機溶剤蒸気をそのまま吸入してしまう。

活性炭入り防じんマスクは、基本的に防じんマスクとしての機能しか保証されないため、ガス状物質と粒子状物質が混在する環境で選択してはならない。両者が混在する環境では、防じん機能付きの防毒マスクや G-PAPR を選択する。

（隔離式・全面形）

（直結式・全面形）

（直結式小型・半面形）

写真２－１　防毒マスクの例

○ガス状物質を含む環境
　～対応した吸収缶をもつ呼吸用保護具を
　　×防じんマスク、P-PAPR
　　×防臭機能付き防じんマスク
　　○防毒マスク、G-PAPR
　　○防じん機能付き防毒マスク

(3) 事例４：貯槽内点検時の眼の角膜炎

ア　災害発生状況

無機化学工業製品製造工場において、酸性液体の貯蔵槽の定期点検中に、酸性液体が眼にはねて角膜炎となったもの。酸性液体を排出後にアルカリ性液体により中和処理した後、送風機で５日間乾燥させた当該貯槽内に作業者４名で立ち入り、貯槽内の点検および残留物（水あか）の除去を行った。作業を終了して時間が経過した後に、うち３名が眼に充血や痛み等の異常を自覚したため、医療機関を受診したところ、両目角膜びらんおよび両目角膜炎と診断された。

酸性液体である貯蔵物には、主成分として、眼・呼吸器粘膜・皮膚に対して刺激性および腐食性の物質ジメチルチオホスホリルクロライド（クロロチオホスホン酸=O，O －ジメチル）を70％以上含んでいた。

被災者らは、使い捨て式防じんマスクとスペクタクル形保護眼鏡を使用していた。

イ　災害発生の原因

ミスト状または気体となった酸性液体が保護眼鏡の隙間から眼に入り込んだと考えられること。

ウ　再発防止対策

・眼に対する損傷性・眼刺激性を有する化学物質がミスト状で存在する環境では、換気を徹底するとともに、ゴグル形保護眼鏡など顔面密着性の高い保護眼鏡を使用させる。ただし、ゴグル形保護眼鏡には、曇り防止用の空気孔があるため密閉はできない。

・揮発性の酸性液体に対し、有効な呼吸用保護具を使用させる。

4. 保護具の使用誤りによる災害

正しい保護具を選択しても、労働者に対する教育が不十分であると、使用方法を誤ることがある。

(1) 事例 5：橋梁塗装の剥離作業中の急性中毒

ア　災害発生状況

橋梁の塗替塗装のため、吊り足場上において電動ファン付き呼吸用保護具（防じん機能付き防毒マスク）を着用して剥離剤（ベンジルアルコール 30~40% 含有）の吹き付け作業を単独で行っていた作業者が倒れていたところを発見された。当日は、夏季の気温が高かったほか、作業場所は剥離対象の塗料に含まれる PCB および鉛の飛散防止のため養生隔離が施された狭い空間であり、通風はなく、換気装置の設置等の措置は講じられていなかった。

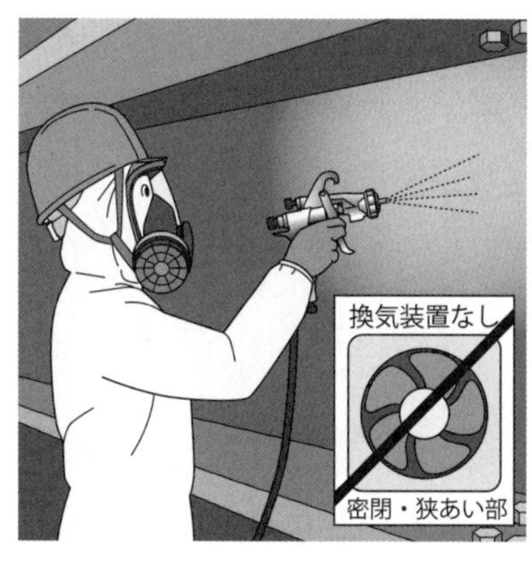

ベンジルアルコールの有害性情報等
- 無色透明の液体（沸点 205℃）
- 眼に対する重篤な損傷性 / 眼刺激性　区分 2
- 皮膚感作性　区分 1A
- 特定標的臓器毒性（単回ばく露）　区分 1（中枢神経系、腎臓）
- 特定標的臓器毒性（反復ばく露）　区分 1（中枢神経系）

イ　災害発生の原因

狭あいな空間において、十分な換気を行わずに揮発性化学物質を使用したこと。想定される濃度に応じて吸収缶の使用時間を適切に設定しなかった可能性があること。熱さや息苦しさにより呼吸用保護具をずらしてしまった可能性があること。

ウ　再発防止対策

・狭あいな空間における呼吸用保護具の使用に際しては、想定される濃度に応じ、吸収缶の破過時間を想定する。濃度のばらつきや高温多湿な環境を考慮し、必要に応じ、吸収缶を短時間で交換するなど安全率を見込む。

・剥離剤のミストを考慮した保護衣を選択し､正しく使用させる(暑熱対策にも留意)。

・剥離剤を使用した塗膜の剥離作業においては、作業条件に応じてあらかじめ実施したモデル作業についてのリスクアセスメント等の結果を活用する。

(2) 事例６：効果のなくなった保護手袋を使用した重篤な健康障害

ア　災害発生状況

オルト - トルイジン、2,4- キシリジン等の芳香族アミンの原料から、染料・顔料中間体を製造する工程において、原料の反応工程および乾燥工程で作業に従事していた労働者が膀胱がんを発症した。

災害発生後の詳細調査において、通常、呼吸用保護具と保護手袋を使用しており、作業環境測定や個人ばく露測定の結果から、オルト - トルイジンを吸入したことによるばく露は大きくないと考えられた。生物学的モニタリング結果から体内にオルト - トルイジンが入っていることが判明しており、作業者の服装や、作業に従事した労働者の保護手袋の内側や手指からオルト - トルイジンが検出していることを踏まえ、労働者の皮膚から吸収されたオルト - トルイジンのばく露が原因と示唆される。

なお、作業に使用した保護手袋は、洗浄して繰り返し長期間にわたり使用していたことが判明している。

オルト - トルイジンの有害性情報等	
液体（沸点 200℃）	
眼に対する重篤な損傷性 / 眼刺激性	区分 2A
生殖細胞変異原性	区分 2
発がん性	区分 1A
特定標的臓器毒性（単回ばく露） 区分 1（中枢神経系、血液系、膀胱）	
特定標的臓器毒性（反復ばく露） 区分 1（血液系、膀胱）	

イ　災害発生の原因

保護手袋の耐透過時間を大幅に超えて使用を続けたこと。化学物質による皮膚からの吸収について、十分な教育が行われていないこと。

ウ　再発防止対策

・化学物質の危険性・有害性を把握し、必要なばく露防止対策を講ずる。

・取り扱う化学物質に適合した素材の保護手袋を選択し、作業方法（皮膚接触の程度）を考慮して使用限度時間を定めるなど、正しい使用方法を徹底する。

・皮膚障害等防止用の保護具について、労働者向けの教育を行う。

(3) 事例７：防毒マスクの破過が疑われる有機溶剤中毒

ア　災害発生状況

ビルのエレベータ内部で、作業員２名がジクロロメタンを主成分とする剥離剤を用いて内装の塩ビシートの剥離作業を行っていた。別の作業員が、エレベータの扉を開けたところ、倒れている作業員２名を発見し、後に急性有機溶剤中毒による死亡が確認された。うち１名は、有機ガス用防毒マスクを使用していたが、破過していた。

ジクロロメタンの有害性情報等

液体（沸点 40℃）	
皮膚腐食性・刺激性	区分 2
眼に対する重篤な損傷 / 眼刺激性	区分 2A
発がん性	区分 2
特定標的臓器・全身毒性（単回ばく露）	区分 1（中枢神経系、呼吸器） 区分 2（気管支）
特定標的臓器毒性（反復ばく露）	区分 1　（中枢神経系、肝臓）

イ　災害発生の原因

揮発性の高い剥離剤を、狭あいな空間で換気することなく広い面積に塗布したため、ジクロロメタンの気中濃度が著しく高くなったこと。濃度に応じて吸収缶の使用時間を適切に定めなかったこと。

ウ　再発防止対策

・剥離剤についてリスクアセスメントを行う。リスクが許容できないと判断する場合は、有害性のより低い物質への代替も考慮する。

・リスクアセスメントの結果に応じ、作業に当たり、送排風機等により十分な換気を行う等により、剥離剤成分の蒸気の濃度を低減する。

・有効な呼吸用保護具を使用するとともに、防毒マスクについては、想定される濃度に対応し、吸収缶の使用時間を定める。
・作業場所の外部に監視者を配置し、急性中毒等の不測の事態に備える。

5. 保護具の保守管理の不具合

保護具は、消耗品であることから、換気装置など高価な設備に比べて保守管理に目が届きにくい。しかし、保護具が正しく機能しないと労働者の生命が脅かされることとなるから、保護具着用管理責任者は、保守管理を徹底する必要がある。

以下に、保護具の保守管理の不具合の例を挙げる。

(1) 防毒マスクの吸収缶の使用期限切れ

有機ガス用防毒マスクの吸収缶は、活性炭を主成分としており、有機溶剤の蒸気にさらされなくても、空気中の水分などで徐々に劣化する。冷暗所で適正に保管された吸収缶であっても、使用期限を経過したものは、メーカーが示す性能を 100% 発揮せず、破過時間が短くなるおそれもあるため、使用せず廃棄する。保管状況が悪いものは、使用期限内であっても同様である。

(2) 送気マスクの送気機能の故障

送気マスクは、ホースによる空気の送気またはエアラインによる圧縮空気の送気により労働者の呼吸を確保するものであるから、送気の停止は、労働者の生命に直ちに危険が及ぶ。このため、送気マスクを使用する前に、送気機能を必ず点検する必要がある。

複合式エアラインマスクは、通常のエアラインマスクとして使用するほか、エアラインが届かない場所などに一時的に移動するため、空気ボンベに切り替えて呼吸ができる。万一の送気停止時の緊急避難にも役立つ。

(3) 電動ファン付き呼吸用保護具の故障

電池の充電が十分であるか、ファンの機能に支障がないかなど、使用前に点検する。

充電式電池には寿命があり、使用可能時間が低下するので、定期的に交換する必要がある。

なお、電動ファン付き呼吸用保護具は、ろ過式呼吸用保護具であり、ファンの駆動が停止しても、肺力により呼吸すれば、防じんマスクや防毒マスクとしての機能を持つため、緊急時の避難は可能である。

(4) 取替え式防じんマスク等の不具合

取替え式防じんマスク、防毒マスク等については、排気弁に不具合があると、外部の有害環境に直結してしまい、清浄化されない空気をそのまま吸入することとなるため、使用前に念入りに点検する必要がある。排気弁のそりや、異物が挟まることによるすき間、弁座の汚れによるすき間などに特に注意する。

保護具着用管理責任者は、取り扱う労働者がこれらの点検をできるよう教育するとともに、交換部品を備え、必要に応じて労働者が排気弁を交換できるようにする。

(5) 使い捨て式防じんマスクの型くずれ

使い捨て式防じんマスクは、ろ過材と面体が一体の構造をもち、使用中に型くずれが起こると、接顔部からの漏れが相当に大きくなる。

そのため、使用限度時間が定められているが、保管状態が悪いと、初めから型くずれしてしまっていることがあるので、保管状態に気を付けるとともに、使用開始時に労働者に点検させるようにする。

◆第３編◆

保護具に関する知識
（呼吸用保護具）

第１章

呼吸用保護具の概要

1. 呼吸用保護具の種類

呼吸用保護具にはさまざまな種類と性能のものがあり、使用できる環境条件や、対象物質、使用可能時間等が異なる。また、通常の作業用のほか、緊急時の救出作業用のものもあるので、使用に際しては、用途に適した正しい選択をしなければならない。

呼吸用保護具は、大きく分けて、ろ過式（防じんマスク、防毒マスク等）と、給気式（離れた位置からホースを通して新鮮な空気を供給し、呼吸に使用する送気マスクや、空気または酸素を充塡したボンベを作業者が背負ってボンベ内空気等を呼吸に使用する空気呼吸器等）がある。

ろ過式の呼吸用保護具は、作業環境中に浮遊する粒子状物質や気体状物質を除去して清浄な空気を作業者に供給するものである。作業環境中に浮遊する粉じん、ミスト等の粒子状物質に対しては、吸気においてろ過材を経由させて除去する防じんマスクや、ろ過材で清浄化した空気を電動ファンにより作業者に供給する防じん機能を有する電動ファン付き呼吸用保護具（P-PAPR：Powered Air-Purifying Respirators for particulate matter）が広く用いられている。作業環境中の有害ガスや蒸気に対しては、吸気において吸収缶を経由させて除去する防毒マスクが用いられているほか、令和５年３月の政令改正により、吸収缶で清浄化した空気を電動ファンにより作業者に供給する防毒機能を有する電動ファン付き呼吸用保護具（G-PAPR：Powered Air-Purifying Respirators for toxic gases）についても使用できるようになった。

ろ過式の呼吸用保護具は、いずれも作業環境中の空気をろ過材や吸収缶により清浄化する方式であるから、酸素濃度18%未満の酸素欠乏空気の下で使用してはならない。

呼吸用保護具の種類を図３－１に示す。

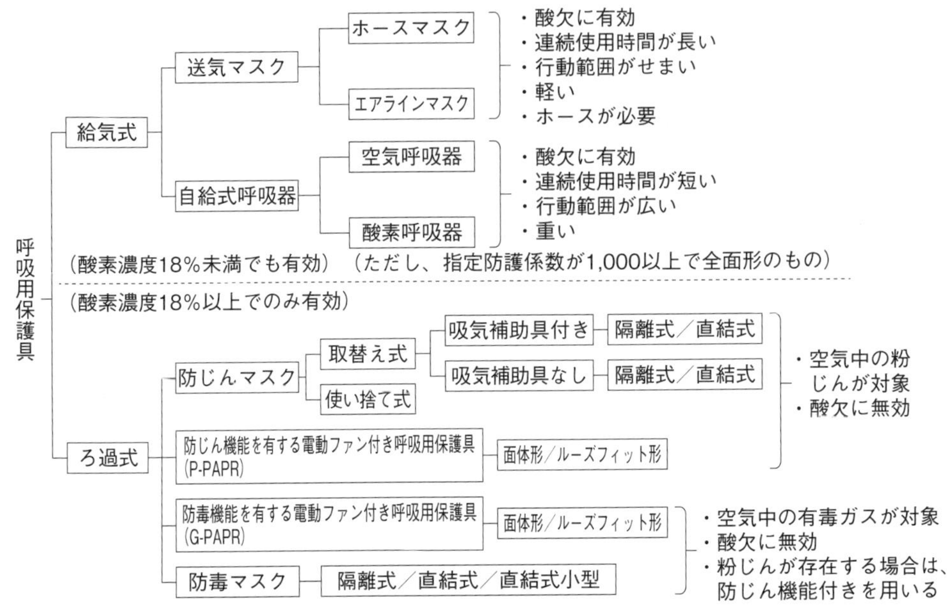

（資料：「特定化学物質・四アルキル鉛等作業主任者テキスト」（中央労働災害防止協会）をもとに作成）

図３－１　呼吸用保護具の種類

2. 呼吸用保護具の選択方法

呼吸用保護具の選択は、保護具着用管理責任者が、作業環境の状況等に対応して適正に行う必要がある。呼吸用保護具の選択に際しての基本的考え方は、次のとおりである。

(1) 空気中の酸素濃度が 18% 以上であることが明らかでない場合

空気中の酸素濃度が 18% 未満である作業場、あるいは酸素濃度が 18% 以上であることが明らかでない作業場では、ろ過式呼吸用保護具（防じんマスク、防毒マスク、電動ファン付き呼吸用保護具）を使用させてはならない。労働者や職長等の管理者に対し、あらかじめ作業場所に酸素欠乏のおそれがないことを確認させること。おそれがある場合は、指定防護係数が 1,000 以上の全面形面体を有する有効な給気式呼吸用保護具を使用させる。JIS T 8150（呼吸用保護具の選択、使用及び保守管理方法）に、給気式呼吸用保護具として、循環式呼吸器、空気呼吸器、エアラインマスクおよびホースマスクが示されている。

(2) 空気中の有害物質の種類や濃度が分からない場合

空気中の酸素濃度が18%以上であっても、有害物質の種類や濃度がわからない場合については、(1) と同様に有効な給気式呼吸用保護具を使用させる。防毒マスクやG-PAPRの吸収缶が破過したり、そもそも機能しないおそれがある。

(3) 粒子状物質

空気中の酸素濃度が18%以上であり、有害物質の種類が粒子状物質である場合は、防じんマスクまたはP-PAPRを使用させる。粉じん作業であっても、他の作業の影響等によって有毒ガス等が流入する場合には、改めて作業場の作業環境の評価を行い、適切な防じん機能を有する防毒マスクまたは給気式呼吸用保護具により対応する。

(4) 気体

空気中の酸素濃度が18%以上であり、有害物質の種類が気体である場合は、有害物質の気体（ガスまたは蒸気）の濃度に着目する。ガスまたは蒸気の濃度が2%（アンモニアについては3%）以下である場合に限り、使用可能な吸収缶を有する防毒マスクまたはG-PAPRを選択することができる。また、吸収缶の性能は、有害物質の濃度だけでなく、有害物質の種類によっても制約があることに留意する。使用可能な吸収缶を有する防毒マスク等を選択することができない場合は、有効な給気式呼吸用保護具を選択することとなる。

3. 防護係数、指定防護係数

(1) 防護係数とは

呼吸用保護具を装着したときに、有害物質からどの程度防護できるかを示すものとして防護係数がある。防護係数は、次の式で表される。

$$PF = \frac{C_0}{C_i}$$

PF：防護係数
C_0：面体等の外側の有害物質濃度
C_i：面体等の内側の有害物質濃度

防護係数は、呼吸用保護具を装着した際の面体等の内側と外側における有害物質濃度の比であり、防護係数が高いほど、面体等の内部への有害物質の漏れ込みが少ない、すなわち防護性能が高い呼吸用保護具といえる。

また、Ci を濃度基準値として設定すれば、その呼吸用保護具がどの程度の作業環境まで使用できるかを予想することができる（別途安全率を見込む必要はある）。

呼吸用保護具を選択する際には、実際の作業場において、防護係数を計測することが困難である場合も多いため、通常は、令和５年５月25日付け基発0525第３号（別表第１～第3）やJIS T 8150（呼吸用保護具の選択、使用及び保守管理方法）に示されている指定防護係数を用いる。指定防護係数は、訓練された装着者が、正常に機能する呼吸用保護具を正しく装着した場合に、少なくとも得られると期待される防護係数である（表３－１）。

表３－１　指定防護係数一覧

●ろ過式呼吸用保護具の指定防護係数

呼吸用保護具の種類					指定防護係数
防じんマスク	取替え式	全面形面体	RS3又はRL3		50
			RS2又はRL2		14
			RS1又はRL1		4
		半面形面体	RS3又はRL3		10
			RS2又はRL2		10
			RS1又はRL1		4
	使い捨て式		DS3又はDL3		10
			DS2又はDL2		10
			DS1又はDL1		4
防毒マスク[注1]	全面形面体				50
	半面形面体				10
防じん機能を有する電動ファン付き呼吸用保護具（P-PAPR）	面体形	全面形面体	S級	PS3又はPL3	1,000
			A級	PS2又はPL2	90
			A級又はB級	PS1又はPL1	19
		半面形面体	S級	PS3又はPL3	50
			A級	PS2又はPL2	33
			A級又はB級	PS1又はPL1	14
	ルーズフィット形	フード又はフェイスシールド	S級	PS3又はPL3	25
			A級	PS3又はPL3	20
			S級又はA級	PS2又はPL2	20
			S級、A級又はB級	PS1又はPL1	11
防毒機能を有する電動ファン付き呼吸用保護具（G-PAPR）[注2]	防じん機能を有しないもの	面体形	全面形面体		1,000
			半面形面体		50
		ルーズフィット形	フード又はフェイスシールド		25
	防じん機能を有するもの	面体形	全面形面体	PS3又はPL3	1,000
				PS2又はPL2	90
				PS1又はPL1	19
			半面形面体	PS3又はPL3	50
				PS2又はPL2	33
				PS1又はPL1	14
		ルーズフィット形	フード又はフェイスシールド	PS3又はPL3	25
				PS2又はPL2	20
				PS1又はPL1	11

注１：P-PAPRの粉じん等に対する指定防護係数は、防じんマスクの指定防護係数を適用する。有毒ガス等と粉じん等が混在する環境に対しては、それぞれにおいて有効とされるものについて、面体の種類が共通のものが選択の対象となる。

注２：G-PAPRの指定防護係数の適用は、次による。なお、有毒ガス等と粉じん等が混在する環境に対しては、①と②のそれぞれにおいて有効とされるものについて、呼吸用インタフェースの種類が共通のものが選択の対象となる。

①　有毒ガス等に対する場合：防じん機能を有しないものの欄に記載されている数値を適用。

②　粉じん等に対する場合：防じん機能を有するものの欄に記載されている数値を適用。

表３－１　指定防護係数一覧（つづき）

●その他の呼吸用保護具の指定防護係数

呼吸用保護具の種類			指定防護係数
循環式呼吸器	全面形面体	圧縮酸素形かつ陽圧形	10,000
		圧縮酸素形かつ陰圧形	50
		酸素発生形	50
	半面形面体	圧縮酸素形かつ陽圧形	50
		圧縮酸素形かつ陰圧形	10
		酸素発生形	10
空気呼吸器	全面形面体	プレッシャデマンド形	10,000
		デマンド形	50
	半面形面体	プレッシャデマンド形	50
		デマンド形	10
エアラインマスク	全面形面体	プレッシャデマンド形	1,000
		デマンド形	50
		一定流量形	1,000
	半面形面体	プレッシャデマンド形	50
		デマンド形	10
		一定流量形	50
	フード又はフェイスシールド	一定流量形	25
ホースマスク	全面形面体	電動送風機形	1,000
		手動送風機形又は肺力吸引形	50
	半面形面体	電動送風機形	50
		手動送風機形又は肺力吸引形	10
	フード又はフェイスシールド	電動送風機形	25

●高い指定防護係数で運用できる呼吸用保護具の種類の指定防護係数[注3]

呼吸用保護具の種類				指定防護係数
防じん機能を有する電動ファン付き呼吸用保護具（P-PAPR）	半面形面体	S級かつPS3又はPL3		300
	フード	S級かつPS3又はPL3		1,000
	フェイスシールド	S級かつPS3又はPL3		300
防毒機能を有する電動ファン付き呼吸用保護具（G-PAPR）[注2]	防じん機能を有しないもの	半面形面体		300
		フード		1,000
		フェイスシールド		300
	防じん機能を有するもの	半面形面体	PS3又はPL3	300
		フード	PS3又はPL3	1,000
		フェイスシールド	PS3又はPL3	300
フードを有するエアラインマスク			一定流量形	1,000

注３：この表の指定防護係数は、JIS T 8150 の附属書JC に従って該当する呼吸用保護具の防護係数を求め、この表に記載されている指定防護係数を上回ることを該当する呼吸用保護具の製造者が明らかにする書面が製品に添付されている場合に使用できる。

（令和5年5月25日付け基発0525第3号をもとに作成）

(2) 要求防護係数に基づく呼吸用保護具の選択

個人サンプリング法などにより労働者の呼吸域の濃度を測定し、有害物のばく露限界値（濃度基準値、ACGIH の TLV、DFG の MAK など）に照らすことにより、呼吸用保護具の要求防護係数を算出することができる。金属アーク溶接等作業を継続して行う屋内作業場や、濃度基準値が設定されている物質を使用する屋内作業場においては、算出された要求防護係数を上回る指定防護係数を有する呼吸用保護具を使用しなければならない。

濃度基準値には、8時間濃度基準値と短時間濃度基準値とがあり、その他のばく露限界値についても、8時間ばく露限界値（ACGIHのTLV-TWAなど）と短時間ばく露限界値（ACGIHのSTELなど）があることに留意する必要がある。

がん原性物質や発がん性が明らかであるために濃度基準値が設定されていない物質については、健康障害のおそれがない閾値がないことを考慮し、労働者のばく露をできるだけ低減するよう留意すること。

(3) 特別則等の規定に基づく呼吸用保護具の選択

有機則、鉛則、四アルキル鉛則、特化則、電離則、粉じん則および廃棄物の焼却施設に係る作業における安衛則の規定（第592条の5に規定するダイオキシン類のばく露防止）のほか、安衛法令に定める防じんマスク、防毒マスク、P-PAPR、G-PAPRについては、法令に定める有効な性能を有するものを労働者に使用させなければならない。

第2章

防じんマスクと防じん機能を有する電動ファン付き呼吸用保護具（P-PAPR）

1．法令上の位置付け

防じんマスクは、新たな化学物質規制において、労働者のばく露の程度を最小限度にする、あるいは濃度基準値以下にするための手法の１つと位置付けられている。防じんマスクは、粉じん、ミスト、ヒューム等の粒子状物質が存在する有害な作業環境下での作業において、ろ過材により除去した清浄な空気を作業者が吸い込むことにより、じん肺や化学物質による中毒その他の健康障害を防止する呼吸用保護具である。

P-PAPRは、ろ過材により除去した清浄な空気を、電動ファンにより作業者に供給する呼吸用保護具である。作業者の呼吸により面体内が陰圧になることがないため、面体と作業者の顔面との隙間からの漏れが小さい。

防じんマスクについては「防じんマスクの規格」（昭和63年労働省告示第19号）、P-PAPRについては「電動ファン付き呼吸用保護具の規格」（平成26年厚生労働省告示第455号）により、それぞれ構造と性能が定められ、規格を具備したもの以外は、譲渡や貸与が禁止されている。規格を具備しているとして厚生労働大臣または登録型式検定機関の行う型式検定に合格した防じんマスクであることは、面体やろ過材に付されている型式検定合格標章により確認することができる。

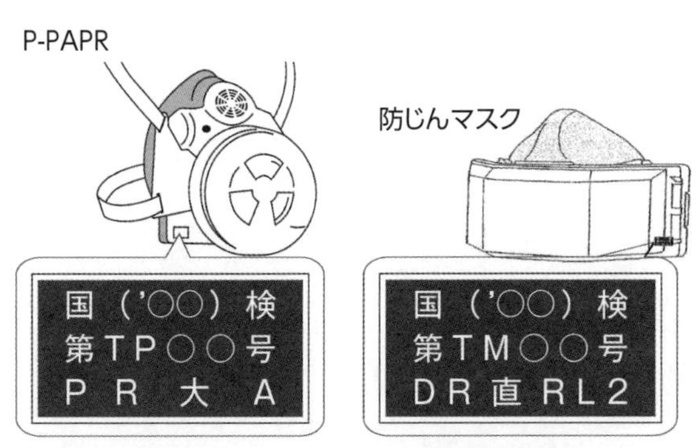

図３－２　検定合格標章の例

2. 防じんマスクの構造

防じんマスクは、大きく分けて、ろ過材の交換が可能な取替え式防じんマスクと、ろ過材と面体が一体となった使い捨て式防じんマスクに区分される。防じんマスクの規格における防じんマスクの種類を表３－２に示す。

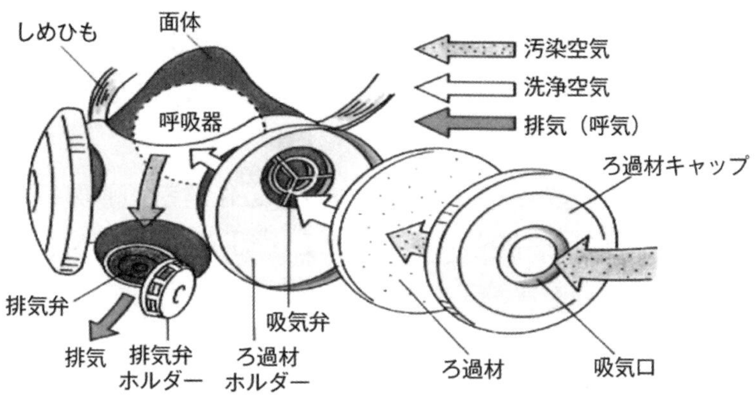

図３－３　取替え式防じんマスク（半面形）の構造

表３－２　防じんマスクの種類

<table>
<tr><td rowspan="4">取替え式
防じん
マスク</td><td rowspan="2">吸気補助具付き
防じんマスク</td><td>隔離式
防じん
マスク</td><td>吸気補助具、ろ過材、連結管、吸気弁、面体、排気弁およびしめひもからなり、かつ、ろ過材によって粉じんをろ過した清浄空気を吸気補助具の補助により連結管を通して吸気弁から吸入し、呼気は排気弁から外気中に排出するもの</td></tr>
<tr><td>直結式
防じん
マスク</td><td>吸気補助具、ろ過材、吸気弁、面体、排気弁およびしめひもからなり、かつ、ろ過材によって粉じんをろ過した清浄空気を吸気補助具の補助により吸気弁から吸入し、呼気は排気弁から外気中に排出するもの</td></tr>
<tr><td rowspan="2">吸気補助具付き
防じんマスク以
外のもの</td><td>隔離式
防じん
マスク</td><td>ろ過材、連結管、吸気弁、面体、排気弁およびしめひもからなり、かつ、ろ過材によって粉じんをろ過した清浄空気を連結管を通して吸気弁から吸入し、呼気は排気弁から外気中に排出するもの</td></tr>
<tr><td>直結式
防じん
マスク</td><td>ろ過材、吸気弁、面体、排気弁およびしめひもからなり、かつ、ろ過材によって粉じんをろ過した清浄空気を吸気弁から吸入し、呼気は排気弁から外気中に排出するもの</td></tr>
<tr><td colspan="3">使い捨て式防じんマスク</td><td>一体となったろ過材および面体ならびにしめひもからなり、かつ、ろ過材によって粉じんをろ過した清浄空気を吸入し、呼気はろ過材（排気弁を有するものにあっては排気弁を含む。）から外気中に排出するもの</td></tr>
</table>

（資料：「特定化学物質・四アルキル鉛等作業主任者テキスト」中央労働災害防止協会）

(1) 取替え式防じんマスク

取替え式防じんマスクは、ろ過材、吸気弁、排気弁、しめひもを取り替えられる構造となっており、ろ過材や弁などの部品を交換することにより必要な性能を維持することができる。また、面体には耐久性のある素材が用いられているほか、さまざまな面体の使用や構造のものから作業環境にあったものを選択することができる。取替え式防じんマスクの面体には、顔面全体を覆う全面形と、鼻および口辺のみを覆う半面形がある（**写真３－１**）。半面形は装着が容易で作業性がよく価格が安いため広く普及している。眼も防護したい場合や高い防護性能を必要とする場合は、顔面との密着性がよい全面形を選択する。

なお、吸気補助具付きの取替え式防じんマスクは、作業者の呼吸による清浄空気の吸入と排出を、バッテリーを利用したファンにより補助する機能を持つもので型式検定合格標章に「補」が記載されている。

(2) 使い捨て式防じんマスク

使い捨て式防じんマスクは、ろ過材を型くずれしにくいよう成形することにより面体としても用いる一体型の構造となっている（**写真３－１**）。軽量で作業性がよく使用後の保守管理が不要であるため広く普及しているが、使用に伴い型くずれするため、使用限度時間が定められている。

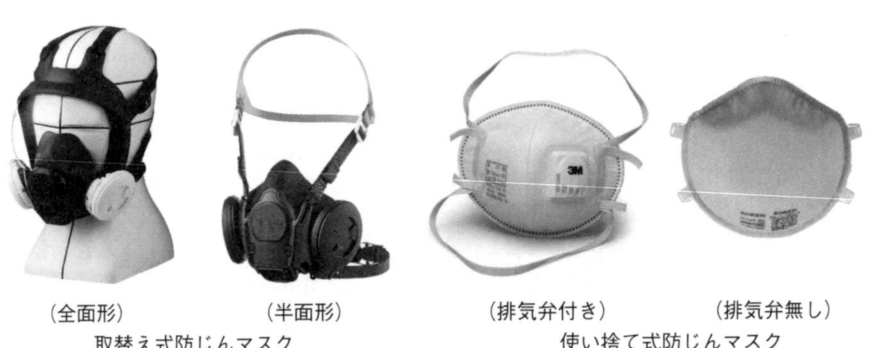

（全面形）　（半面形）
取替え式防じんマスク

（排気弁付き）　（排気弁無し）
使い捨て式防じんマスク

写真３－１　防じんマスクの例

3. 防じんマスクの性能と選択

防じんマスクは、ろ過材の繊維の隙間を通過しようとする粒子を、その慣性や静電力で繊維に吸着させてろ過するため、対象とする粒子状物質の種類や粒径により粒子捕集効率が異なる。このため防じんマスクの規格では、固体と液体のそれぞれの粒子を用いた粒子捕集効率試験で満たすべき粒子捕集効率を定めている。粒子捕集効率が高いほど防護性能が高いが、一般に吸気抵抗が高くなり息苦しくなる。

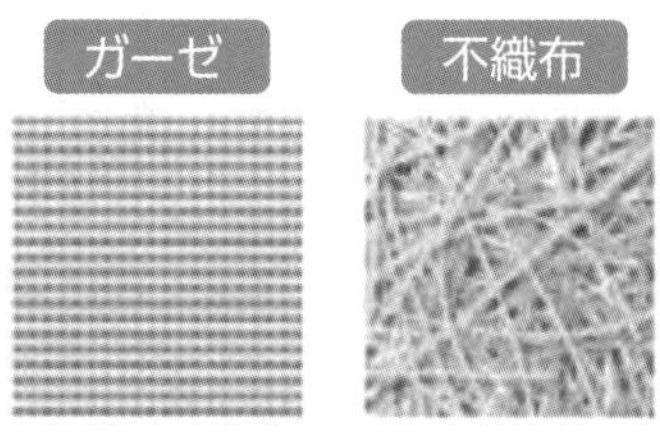

出典：（一社）日本衛生材料工業連合会　06-0001

図３－４　ガーゼと不織布の構造の違い

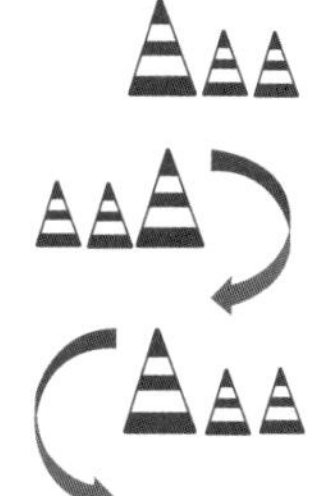

- 粒子は、多層の不織布の隙間を、高速で曲がり続けながら通り抜ける。
- **粒径の大きい粒子**は、不織布のすき間を曲がり切れず**吸着**する。
- 静電気があると、より効果的に吸着する。

図３－５　防じんマスクの不織布の内部（イメージ）

防じんマスクは、その性能により、取替え式防じんマスクではRS1、RS2、RS3（固体捕集用）およびRL1、RL2、RL3（液体捕集用）に、使い捨て式防じんマスクではDS1、DS2、DS3（固体捕集用）および DL1、DL2、DL3（液体捕集用）に区分されている。作業環境中の粒子状物質の種類や濃度に応じて、必要な防護性能を確保するとともに、作業強度により吸気抵抗や排気抵抗を考慮して防じんマスクを選定する必要がある。

粒子状物質および作業の種類から考えた使用可能な防じんマスク等の区分を参考までに**表３－３**に示す。

表３－３　粉じん等の種類および作業内容に応じて選択可能な防じんマスクおよびP-PAPR

粉じん等の種類および作業内容	オイルミストの有無	防じんマスク		
		種類	呼吸用インタフェースの種類	ろ過材の種類
○ 安衛則第592条の5 廃棄物の焼却施設に係る作業で、ダイオキシン類の粉じんばく露のおそれのある作業において使用する防じんマスクおよびP-PAPR	混在しない	取替え式	全面形面体	RS3、RL3
			半面形面体	RS3、RL3
	混在する	取替え式	全面形面体	RL3
			半面形面体	RL3
○ 電離則第38条 放射性物質がこぼれたとき等による汚染のおそれがある区域内の作業または緊急作業において使用する防じんマスクおよびP-PAPR	混在しない	取替え式	全面形面体	RS3、RL3
			半面形面体	RS3、RL3
	混在する	取替え式	全面形面体	RL3
			半面形面体	RL3
○ 鉛則第58条、特化則第38条の21、特化則第43条および粉じん則第27条 金属のヒューム（溶接ヒュームを含む。）を発散する場所における作業において使用する防じんマスクおよびP-PAPR※1	混在しない	取替え式	全面形面体	RS3、RL3、RS2、RL2
			半面形面体	RS3、RL3、RS2、RL2
		使い捨て式		DS3、DL3、DS2、DL2
	混在する	取替え式	全面形面体	RL3、RL2
			半面形面体	RL3、RL2
		使い捨て式		DL3、DL2
○ 鉛則第58条および特化則第43条 管理濃度が0.1 mg/㎥以下の物質の粉じんを発散する場所における作業において使用する防じんマスクおよびP-PAPR※1	混在しない	取替え式	全面形面体	RS3、RL3、RS2、RL2
			半面形面体	RS3、RL3、RS2、RL2
		使い捨て式		DS3、DL3、DS2、DL2
	混在する	取替え式	全面形面体	RL3、RL2
			半面形面体	RL3、RL2
		使い捨て式		DL3、DL2
○ 石綿則第14条 負圧隔離養生および隔離養生（負圧不要）の外部（または負圧隔離および隔離養生措置を必要としない石綿等の除去等を行う作業場）で、石綿等の除去等を行う作業＜吹き付けられた石綿等の除去、石綿含有保温材等の除去、石綿等の封じ込めもしくは囲い込み、石綿含有成形板等の除去、石綿含有仕上塗材の除去＞において使用する防じんマスクおよびP-PAPR※2	混在しない	取替え式	全面形面体	RS3、RL3
			半面形面体	RS3、RL3
	混在する	取替え式	全面形面体	RL3
			半面形面体	RL3
○ 石綿則第14条 負圧隔離養生および隔離養生（負圧不要）の外部（または負圧隔離および隔離養生措置を必要としない石綿等の除去等を行う作業場）で、石綿等の切断等を伴わない囲い込み／石綿含有形板等の切断等を伴わずに除去する作業において使用する防じんマスク	混在しない	取替え式	全面形面体	RS3、RL3、RS2、RL2
			半面形面体	RS3、RL3、RS2、RL2
	混在する	取替え式	全面形面体	RL3、RL2
			半面形面体	RL3、RL2
○ 石綿則第14条 石綿含有成形板等および石綿含有仕上塗材の除去等作業を行う作業場で、石綿等の除去等以外の作業を行う場合において使用する防じんマスク	混在しない	取替え式	全面形面体	RS3、RL3、RS2、RL2
			半面形面体	RS3、RL3、RS2、RL2
	混在する	取替え式	全面形面体	RL3、RL2
			半面形面体	RL3、RL2
○ 除染電離則第16条 高濃度汚染土壌等を取り扱う作業であって、粉じん濃度が10mg/㎥を超える場所において使用する防じんマスク※3	混在しない	取替え式	全面形面体	RS3、RL3、RS2、RL2
			半面形面体	RS3、RL3、RS2、RL2
		使い捨て式		DS3、DL3、DS2、DL2
	混在する	取替え式	全面形面体	RL3、RL2
			半面形面体	RL3、RL2
		使い捨て式		DL3、DL2

粉じん等の種類及び作業内容	オイルミストの有無	P-PAPR			
		種類	呼吸用インタフェースの種類	漏れ率の区分	ろ過材の種類
○ 安衛則第592条の5 廃棄物の焼却施設に係る作業で、ダイオキシン類の粉じんばく露のおそれのある作業において使用する防じんマスクおよびP-PAPR	混在しない	面体形	全面形面体	S級	PS3、PL3
			半面形面体	S級	PS3、PL3
		ルーズフィット形	フード	S級	PS3、PL3
			フェイスシールド	S級	PS3、PL3
	混在する	面体形	全面形面体	S級	PL3
			半面形面体	S級	PL3
		ルーズフィット形	フード	S級	PL3
			フェイスシールド	S級	PL3
○ 電離則第38条 放射性物質がこぼれたとき等による汚染のおそれがある区域内の作業または緊急作業において使用する防じんマスクおよびP-PAPR	混在しない	面体形	全面形面体	S級	PS3、PL3
			半面形面体	S級	PS3、PL3
		ルーズフィット形	フード	S級	PS3、PL3
			フェイスシールド	S級	PS3、PL3
	混在する	面体形	全面形面体	S級	PL3
			半面形面体	S級	PL3
		ルーズフィット形	フード	S級	PL3
			フェイスシールド	S級	PL3
○ 石綿則第14条 負圧隔離養生および隔離養生（負圧不要）の内部で、石綿等の除去等を行う作業＜吹き付けられた石綿等の除去、石綿含有保温材等の除去、石綿等の封じ込めもしくは囲い込み、石綿含有成形板等の除去、石綿含有仕上塗材の除去＞において使用するP-PAPR	混在しない	面体形	全面形面体	S級	PS3、PL3
			半面形面体	S級	PS3、PL3
		ルーズフィット形	フード	S級	PS3、PL3
			フェイスシールド	S級	PS3、PL3
	混在する	面体形	全面形面体	S級	PL3
			半面形面体	S級	PL3
		ルーズフィット形	フード	S級	PL3
			フェイスシールド	S級	PL3
○ 石綿則第14条 負圧隔離養生および隔離養生（負圧不要）の外部（または負圧隔離および隔離養生措置を必要としない石綿等の除去等を行う作業場）で、石綿等の除去等を行う作業＜吹き付けられた石綿等の除去、石綿含有保温材等の除去、石綿等の封じ込めもしくは囲い込み、石綿含有成形板等の除去、石綿含有仕上塗材の除去＞において使用する防じんマスクおよびP-PAPR※2	混在しない	面体形	全面形面体	S級	PS3、PL3
			半面形面体	S級	PS3、PL3
		ルーズフィット形	フード	S級	PS3、PL3
			フェイスシールド	S級	PS3、PL3
	混在する	面体形	全面形面体	S級	PL3
			半面形面体	S級	PL3
		ルーズフィット形	フード	S級	PL3
			フェイスシールド	S級	PL3

※１：P-PAPRのろ過材は、粒子捕集効率が95パーセント以上であればよい。
※２：P-PAPRを使用する場合は、大風量型とすること。
※３：それ以外の場所において使用する防じんマスクのろ過材は、粒子捕集効率が80パーセント以上であればよい。

（令和5年5月25日付け基発0525第3号別表5をもとに作成）

4. 防じんマスクの装着の確認（フィットテスト）

防じんマスクの選択に当たっては、前述のように作業環境に適合した種類および性能のマスクを選定することに加え、面体が個々の装着者の顔面にあったものであることを確認することも重要である。粒子捕集効率などの性能が高い防じんマスクであっても、装着者の顔面とマスクの面体との間に漏れがあると、隙間から濃度の高い粉じんが面体内に直接流入し、装着者がばく露してしまうためである。

自律的な化学物質管理においては、労働者のばく露の程度を濃度基準値以下にするための措置として、有効な呼吸用保護具の使用も選択肢の１つとなるが、その選択および装着が適切に実施されなければ、所期の性能が発揮されない。すなわち、装着者の顔面と防じんマスクの面体との間の漏れ率が一定以下であることが前提である。防じんマスクの装着（面体と顔面の密着度）の確認は、JIS T 8150で定めるフィットテストによりフィットファクタを求めるなどにより行うことができる。フィットテストには、市販されているフィットテスターを用いることにより個々の装着者のフィットファクタを計測する定量法と、防じんマスクを装着した上でその外側のフード内に噴霧した粒子の濃度に応じて漏れを確認する定性法がある。

表３－４　フィットテストの実施が必要となる作業場所の例（全て屋内作業場）

	対象作業等	対象作業場所	根拠	実施頻度等
1	金属アーク溶接等作業	継続して作業を行う屋内作業場	特化則第38条の21 令和2年厚生労働省告示第286号	1年以内ごと 記録して3年保存
2	特別則の作業環境測定、評価を行うべき作業	第三管理区分作業場所	有機則第28条の3の2他 令和4年厚生労働省告示第341号	1年以内ごと 記録して3年保存
3	濃度基準値が設定されたリスクアセスメント対象物を使用する作業	確認測定により、呼吸域における濃度が濃度基準値を超える等	技術上の指針（法令で規定された事項に加え、事業者が実施すべき事項）	1年以内ごと

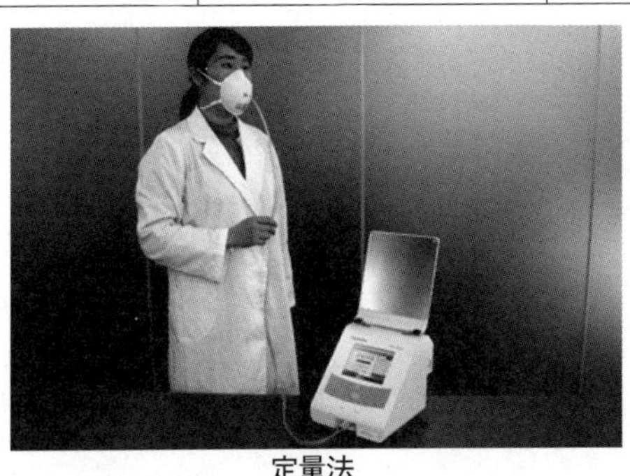
定量法

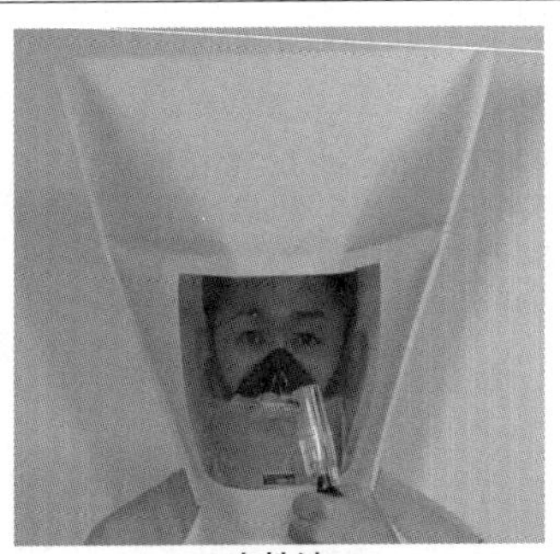
定性法

写真３－２　フィットテスト

5. 防じん機能を有する電動ファン付き呼吸用保護具（P-PAPR）

P-PAPRは、電動ファンにより、ろ過材により粒子状物質を除去した清浄な空気を作業者に供給する呼吸用保護具である。P-PAPRは、面体等の内部が常に陽圧となるため、防じんマスクと比べて面体と顔面との隙間から粒子状物質が入りにくく高い防護性能が期待できるほか、吸気抵抗が小さく呼吸が楽にできる。

P-PAPRは、面体形とルーズフィット形とがあり、防じんマスクと同様にろ過材の性能によりPS1、PS2、PS3（固体粒子用）およびPL1、PL2、PL3（液体粒子用）に区分されている。また、電動ファンの性能や漏れ率による区分があるほか、ルーズフィット形については、内部が陽圧に保たれるよう電動ファンに最低必要風量が規定されている。

P-PAPRの選定に当たっては、使用される環境により、粉じんなどの目詰まりによるろ過材の通気抵抗の増大や、電池の消耗による電圧低下を想定し、適切なものを選定する必要がある。

6. 防じんマスク等の使用

防じんマスクおよびP-PAPRは、いずれもろ過式であるから、酸素濃度18%未満の場所で使用してはならない。また、これらに附属しているろ過材は、防臭の機能を持つものであっても防毒マスクとしての機能はないから、有害ガスが存在する場所において使用してはならない。

(1) 装着前の点検

装着に当たっては、その都度、作業者に、吸気弁や排気弁に亀裂、変形等の異常がないことを確認させる。特に、排気弁に異物が挟まり完全に閉止しない状態では、作業環境中の粒子状物質がろ過材を通らずに直接面体内部に吸入されてしまうことに留意する。

ろ過材については、粉じん等により目詰まりしていないこと、破損や穴がないこと、異臭がしないことを確認し、必要に応じて交換する。また、面体にろ過材が正しく取り付けられていること、しめひもに異常がないことを確認させる。

(2) 使用時間等の確認

使い捨て式防じんマスクについては、使用限度時間が定められているので、使用限度時間に達していないことを確認する。使用限度時間を超過すると、呼気や大気中の湿気により型くずれが生じ、顔面と面体の間の漏れが大きくなる。また、使用限度時間に達していなくても、機能が減じたり、息苦しく感じたり、汚れがひどくなったとき、変形したときには、新品と交換する。

(3) 電動ファンの機能の確認

P-PAPRについては、電動ファンの動作状態や、電動ファンを駆動する電池の消耗による電圧低下等の異常がないことを確認する。特に、ルーズフィット形のものについては、送風が停止した際に内部の陽圧が保たれず、粒子状物質を含む空気を直接吸い込むことになる。

(4) 装着時の確認

面体を顔面に正しく装着し、接顔部の位置、しめひもの位置および締め方等を適切にする。防じんマスクおよび面体を有するP-PAPRについては、着用後、面体の内部への空気の漏れ込みがないことを、陰圧法などにより作業者に確認させる（日々のシールチェック）。

タオルを当てたり、面体の接顔部に接顔メリヤス等を使用したりすることは、面体との密着性が下がり漏れが大きくなるため、行わせない。また、着用者のひげ、もみあげ、前髪等が面体の接顔部と顔面との間に入り込まないよう注意する。なお、使用中に息苦しさを感じた場合には、ろ過材を交換する。

ただし、オイルミストを捕集した場合は、固体粒子の場合と異なり、ほとんど吸気抵抗上昇がないが、多量のオイルミストの捕集により、粒子捕集効率が低下するものがあることに留意して、ろ過材の交換時期を設定する必要がある。

(5) 予備の防じんマスク等、ろ過材、電池等の用意

あらかじめ予備の防じんマスク、ろ過材、電池その他の消耗品を用意し、常時使用

可能な状態としておく。

7. 防じんマスク等の保守管理

(1) 使用後の点検

防じんマスク等は、使用後、面体、吸気弁、排気弁、しめひも等を点検し、破損、亀裂、変形等がないことを確認する。破損、亀裂、著しい変形があるものは部品を交換または廃棄する。

ろ過材は、破損させると粉じん捕集効率が著しく低下することがあるため、圧縮空気等を吹きかけたり、ろ過材をたたくなどによるろ過材の手入れは行わない。ろ過材の水洗いは、静電力を低下させ粉じん捕集効率の低下につながる場合があるため、取扱説明書に水洗が可能な旨の記載があるもの以外は行わない。

ヒ素、クロム等の有害性の高い粉じん等に対して使用したろ過材については、1回使用するごとに廃棄する。石綿、インジウム等を取り扱う作業で使用したろ過材についても同様であるが、ろ過材をそのまま作業場から持ち出すことが禁止されていることにも留意する。

(2) 保管

点検済の防じんマスク等は、直射日光の当たらない、湿気の少ない清潔な場所に専用の保管場所を設け、管理状況が容易に確認できるように保管する。粉じん等が存在する作業環境中に放置しないこと。面体、連結管、しめひも等については、積み重ね、折り曲げ等による保管中の亀裂、変形等がないよう留意する。

P-PAPRについては、電源を確実に切って保管するほか、長期間使用しないときは、電池をはずしておく。

第3章

防毒マスクと防毒機能を有する電動ファン付き呼吸用保護具（G-PAPR）

1. 法令上の位置付け

防毒マスクは、新たな化学物質規制において、労働者のばく露の程度を最小限度にする、あるいは濃度基準値以下にするための手法の１つと位置付けられている。防毒マスクは、気体状物質が存在する有害な作業環境下での作業において、装着者の健康と生命を守る大切なものであるため、ハロゲンガス用、有機ガス用、一酸化炭素用、アンモニア用および亜硫酸ガス用の防毒マスクについては、「防毒マスクの規格」（平成２年労働省告示第68号）により構造と性能が定められている。対象となる防毒マスクについては、規格を具備したもの以外は、譲渡や貸与が禁止されている。規格を具備しているとして厚生労働大臣または登録型式検定機関の行う型式検定に合格した防毒マスクは、面体や吸収缶に付されている型式検定合格標章により確認できる。それ以外のガス用の防毒マスクについては、譲渡等の制限はないが、JIS T 8152（防毒マスク）に構造と性能についての基準が示されている。

G-PAPRについては、有機則等で防毒マスクの使用が義務付けられている作業において、防毒マスクと同等に使用できるようになった。また、G-PAPRのうち、ハロゲンガス用、有機ガス用、アンモニア用および亜硫酸ガス用については、令和8年10月以降、型式検定合格標章のないものは、譲渡や貸与が禁止される。それ以外のガス用のG-PAPRについては、JIS T 8154（有毒ガス用電動ファン付き呼吸用保護具）に構造と性能についての基準が示されている。

2. 防毒マスクの構造、性能と選択

防毒マスクは、その形状および使用の範囲により隔離式、直結式、直結式小型の３種類に区分される。また、面体はその形状により全面形と半面形に区分される（**写真３－３**）。

（隔離式・全面形）

（直結式・全面形）

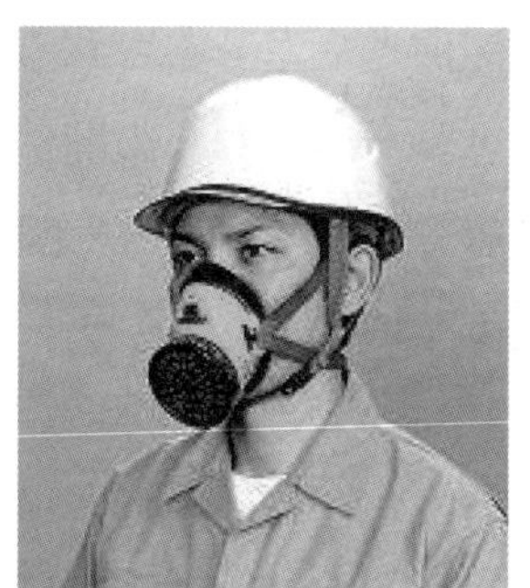
（直結式小型・半面形）

写真３－３　防毒マスクの例（再掲）

防毒マスクを構成する吸収缶の種類は、防毒マスクの「使用の範囲」を決める重要な要素であり、ここに定められているガスまたは蒸気の濃度を超える濃度の場所で使用することはできない（**表３－５**）。

表３－５　防毒マスクの選択（アンモニア用を除く）

使用範囲	種類	
ガス濃度不明、濃度2%超 酸素濃度18%未満	給気式呼吸用保護具 （指定防護係数 1,000 以上の全面形に限る）	
ガス濃度　2%以下の大気	防毒マスク	隔離式
ガス濃度　1%以下の大気		直結式
ガス濃度　0.1%以下の大気		直結式小型

1%＝10,000ppm
「防じんマスク、防毒マスク及び電動ファン付き呼吸用保護具の選択、使用等について」（令和５年５月25日付け基発0525第３号）にも留意すること。

また、防毒マスクは、その構造上、作業者の顔と防毒マスクの面体との接顔部の間からの漏れや、防毒マスクの排気弁からの漏れがあるため、有害性の高いガスや蒸気の作業環境における使用には限界がある。防毒マスクの指定防護係数は、**表３－１**（65頁）のとおりであり、例えば、作業現場で半面形面体の防毒マスクを使用するときは、呼吸域の濃度が濃度基準値の10倍、全面形面体については50倍までと考えてよい。

3. 防毒機能を有する電動ファン付き呼吸用保護具（G-PAPR）

G-PAPRは、電動ファンにより、吸収缶により有害ガスを除去した清浄な空気を作業者に供給する呼吸用保護具であり、令和５年３月23日に関係政令が、同27日には関係省令が公布されるとともに「電動ファン付き呼吸用保護具の規格」の改正も告示された。これらの関係規定は令和5年10月1日から施行、適用されており、有機則等で防毒マスクの使用が義務付けられている作業場所等で、G-PAPRを使用できるようになった。

G-PAPRは、面体等の内部が常に陽圧となるため、防毒マスクと比べて面体と顔面との隙間から有害物質が入りにくく高い防護性能が期待できるほか、吸気抵抗が小さく呼吸が楽にできる。そのため、G-PAPRの指定防護係数は、**表3－1**（65頁）のとおり防毒マスクよりも高くなっている。

G-PAPRは、面体形とルーズフィット形とがあり、防毒マスクと同様に、有害物質の種類に対応した吸収缶がある。また、電動ファンの性能や漏れ率による区分があるほか、ルーズフィット形については、内部が陽圧に保たれるよう電動ファンに最低必要風量が規定されている。G-PAPRの選定に当たっては、使用される環境により破過時間（吸収缶の使用を開始してから破過するまでの時間）が異なることや、電池の消耗による電圧低下を想定し、適切なものを選定する必要がある。

4. 吸収缶の除毒能力と破過

吸収缶は、その種類ごとに有効な適応ガスが定まっており、その種類が表示されるとともに、外部側面が**表3－6**のとおり色分けされている。また、防じん機能を有する吸収缶については、見分けがつくよう、そのろ過材部分に白線が入っている。

吸収缶を選択するに当たっては、吸収缶の除毒能力には限界があること、対象とするガスや蒸気により吸収缶を使用できる時間が大きく異なることに留意する。

吸収缶の吸収剤に有害ガスが捕集されていくと、ある時点から捕集しきれなくなり、有害ガスが吸収缶を通過してしまう。この状態は吸収缶の「破過」といい、防毒マスクを装着しながらも有害ガスを吸入してしまう危険な状態である。吸収缶の破過時間は、有害ガスの濃度により異なり、一般に有害ガスの濃度が高くなると破過時間が短くなる。例えば、有機ガス用防毒マスクの吸収缶で、試験ガスとしてシクロヘキサンを用いた場合、破過時間は有機溶剤の濃度に反比例して短くなることが分かる（**図3－6**）。

また、有機ガス用防毒マスクの吸収缶では、対象とするガスの種類により破過時間は大きく異なっており、特に、沸点が低い物質は破過時間が著しく短くなる傾向にある。例えば、シクロヘキサンで破過時間100分の吸収缶については、**表3－7**によると、同じ濃度のアセトンでは51分、ジクロロメタンでは23分、メタノールでは

２分で破過に達し、以後は有害ガスが捕集されずに通過してしまうことになる。このため、対象作業場の有害ガスの種類と濃度をもとに、使用する吸収缶の破過時間をあらかじめ知っておくことが重要である。

表３－６　防毒マスクの吸収缶の色

種類	色	種類	色
★ハロゲンガス用	灰／黒	硫化水素用	黄
酸性ガス用	灰	臭化メチル用	茶
★有機ガス用	黒	水銀用	オリーブ
★一酸化炭素用	赤	ホルムアルデヒド用	オリーブ
一酸化炭素・有機ガス用	赤／黒	リン化水素用	オリーブ
★アンモニア用	緑	エチレンオキシド用	オリーブ
★亜硫酸ガス用	黄赤	メタノール用	オリーブ
シアン化水素用（青酸用）	青		

★印は国家検定実施品　　　　(資料：JIS T 8152 防毒マスク)

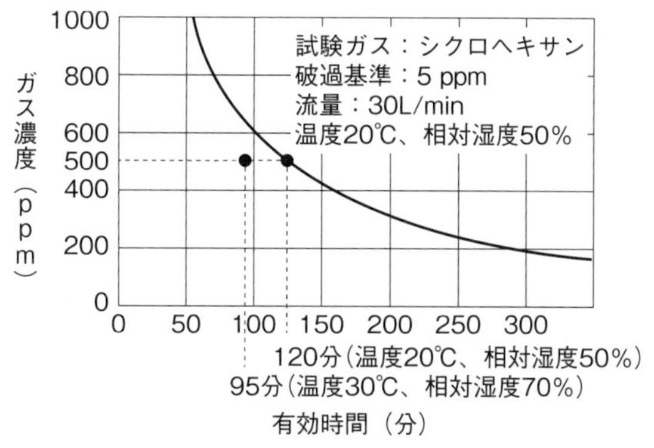

（資料：「有機溶剤作業主任者テキスト」中央労働災害防止協会）

図３－６　直結式小型吸収缶の破過曲線図の例

表３－７　シクロヘキサンに対する相対破過比（RBT）例

有機溶剤名	RBT	有機溶剤名	RBT	有機溶剤名	RBT
N,N- ジメチルホルムアミド	2.11	キシレン	1.42	酢酸イソブチル	1.14
ブチルセロソルブ	2.03	トルエン	1.42	1,1,1- トリクロルエタン	1.11
1 - ブタノール	1.81	1,4- ジオキサン※	1.42	酢酸ペンチル	1.08
シクロヘキサノン	1.80	メチルイソブチルケトン※	1.40	四塩化炭素※	1.06
セロソルブアセテート	1.77	メチルシクロヘキサノン	1.40	酢酸エチル	1.02
セロソルブ	1.71	酢酸ブチル	1.37	1,2- ジクロルエチレン	0.89
オルト - ジクロルベンゼン	1.70	メチルシクロヘキサノール	1.36	N- ヘキサン	0.88
スチレン※	1.68	テトラヒドロフラン	1.33	クロロホルム※	0.78
クロルベンゼン	1.64	酢酸プロピル	1.28	エチルエーテル	0.65
イソペンチルアルコール	1.63	シクロヘキサノール	1.27	酢酸メチル	0.63
2 - ブタノール	1.60	1,2- ジクロロエタン※	1.24	アセトン	0.51
イソブチルアルコール	1.58	メチルブチルケトン	1.24	二硫化炭素	0.41
1,1,2,2- テトラクロロエタン※	1.54	酢酸イソプロピル	1.18	ジクロロメタン※	0.23
メチルセロソルブ	1.54	メチルエチルケトン	1.17	メタノール	0.02
トリクロロエチレン※	1.49	酢酸イソペンチル	1.17		
テトラクロロエチレン※	1.43	イソプロピルアルコール	1.15		

※特別有機溶剤（特定化学物質）

（資料：「有機溶剤作業主任者テキスト」中央労働災害防止協会）

5. 面体の選定

前述のとおり、防毒マスク（面体を有するG-PAPRも同じ）は、その面体と作業者の顔との接顔部の間からの漏れにより、作業環境中の有害ガスが吸収缶を通らずに直接面体の内部に入ってしまうため、漏れを最小限とするよう、作業者の顔面に合う密着性の良い面体の防毒マスクを選定することが重要である。

作業者によって顔の形状がさまざまで、かつ装着方法にも差があるため、面体の密着性の確認は、個々の作業者に対して行う必要がある。

面体の装着性の確認は、フィットテストにより行う。くわしいフィットテストの方法については、JIS T 8150による。フィットテストで得られたフィットファクタが要求フィットファクタを上回ることが確認できない場合は不合格となり、作業者についてその面体は不適切とされる。サイズ、形状、材質などの異なる面体から合格するものを探すこととなるが、合格する面体がない場合は、面体の密着性の確認が不要なルーズフィット形の呼吸用保護具も検討する。

6. 防毒マスク等の使用方法

(1) 装着前の点検

防毒マスクの装着に当たっては、その都度、作業者に、吸気弁や排気弁に亀裂、変形等の異常がないことを確認させる。特に、排気弁に異物が挟まり完全に閉止しない状態では、作業環境中の有害ガスが吸収缶を通らずに直接面体内部に吸入されてしまうことに留意する。

また、面体に吸収缶が正しく取り付けられていること、しめひもに異常がないことを確認させる。

(2) 使用時間の確認

あらかじめ調査した作業環境中の有害ガスの種類と濃度、吸収缶に添付されている破過曲線図等により、作業場所における防毒マスクの吸収缶の使用時間を設定し、吸収缶の交換時期等の必要事項を作業者に指示する。

(3) 装着時の確認

面体を顔面に正しく装着し、接顔部の位置、しめひもの位置および締め方等を適切にする。着用後、防毒マスクの内部への空気の漏れ込みがないことを、陰圧法などにより作業者に確認させる（日々のシールチェック）。

タオルを当てたり、面体の接顔部に接顔メリヤス等を使用したりすることは、面体との密着性が下がり漏れが大きくなるため、行わせない。また、着用者のひげ、もみあげ、前髪等が面体の接顔部と顔面との間に入り込まないよう注意する。

なお、防毒マスクの使用中に有害ガスの臭気を感じたら、直ちに装着状態の確認を行い、必要に応じて吸収缶を交換する。

(4) 予備の吸収缶の用意

あらかじめ予備の吸収缶を用意し、常時使用可能な状態としておく。なお、吸収缶は、空気中の水分を吸収するので、使用するときまで開封しないこと。

7. 防毒マスク等の保守管理

(1) 使用後の点検

防毒マスクは、使用後、面体、吸気弁、排気弁、しめひも等を点検し、破損、亀裂、変形等がないことを確認する。破損、亀裂、著しい変形があるものは部品を交換または廃棄する。

(2) 保管

点検済の防毒マスクは、直射日光の当たらない、湿気の少ない清潔な場所に専用の保管場所を設け、管理状況が容易に確認できるように保管する。有害ガスが存在する作業環境中に放置しないこと。面体、連結管、しめひも等については、積み重ね、折り曲げ等による保管中の亀裂、変形等がないよう留意する。

(3) 吸収缶の管理

一度使用した吸収缶については、使用日時、使用者、使用時間、有害ガスの種類および濃度を記録し、除毒能力の残存状況を後日確認できるようにしておく。

第4章
送気マスク

送気マスクは、酸素濃度が18%未満の環境や、有害ガスの濃度が高いまたは不明な環境においても使用可能である一方、ホースの長さが届く範囲に行動が制約される。送気マスクに使用する面体、フードには、さまざまな形のものがある。送気マスクについては、国が定めた構造規格はないが、日本産業規格JIS T 8153がある。

なお、自給式呼吸器である空気呼吸器や酸素呼吸器も、送気マスクと同様に給気式呼吸用保護具であるため、空気中の酸素濃度が18%未満の場所で使用することができるが、プレッシャデマンド形のものが災害時の救出作業等の緊急時や臨時の作業で使われているに過ぎない。対応する日本産業規格は、JIS T 8155である。

1. ホースマスク

ホースマスクは、大気を空気源とする送気マスクであり、空気の供給方式により大きく2つに分けられる。肺力吸引形ホースマスクは、ホースの末端の空気取入口を新鮮な空気のところに固定し、ホース、面体を通じ、着用者の自己肺力によって吸気させる構造のものである。吸気に伴って面体内が陰圧となるため、顔面と面体との接顔部、接手、排気弁等からの漏れに特に留意が必要である（図3－7（1））。

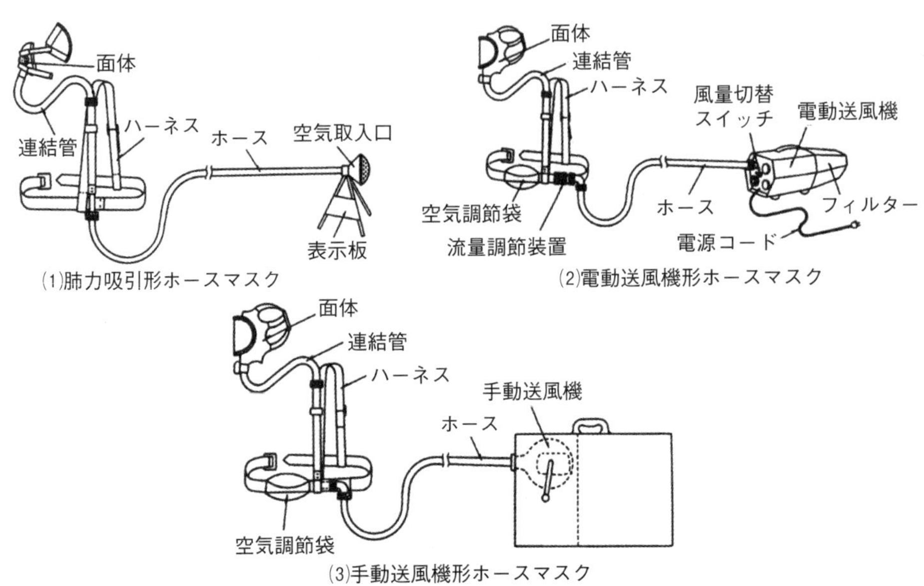

（資料：「有機溶剤作業主任者テキスト」中央労働災害防止協会）

図３－７　ホースマスクの構造例

送風機形ホースマスクは、手動または電動の送風機により、新鮮な空気をホース、面体等を通じて送気する方式で、中間に流量調節装置を備えている（図３－７（2)、(3))。送風機が電動のものについては、防爆構造のものを除き、可燃性ガスのある環境下で使用してはならない。

2. エアラインマスク

エアラインマスクは、圧縮空気を空気源として送気する。建設業においても多く用いられている。一定流量形エアラインマスクは、圧縮空気管などからの圧縮空気を、ろ過装置、中圧ホース、流量調節装置を経由して面体やフードに送気する。

デマンド形およびプレッシャデマンド形*エアラインマスクは、供給弁があり、着用者の呼吸に応じて送気するしくみである。複合式エアラインマスクは、これらに切替え式の高圧空気容器を取り付けたもので、給気が途絶したような緊急時に、高圧空気容器からの給気を受けて退避することができる。

＊　デマンド形は、着用者の吸気に対応して弁が開閉するのに対し、プレッシャデマンド形は、面体内の圧力に応じて作動し、面体内の圧力を外気圧より常に少しだけ高くするよう設計されている。

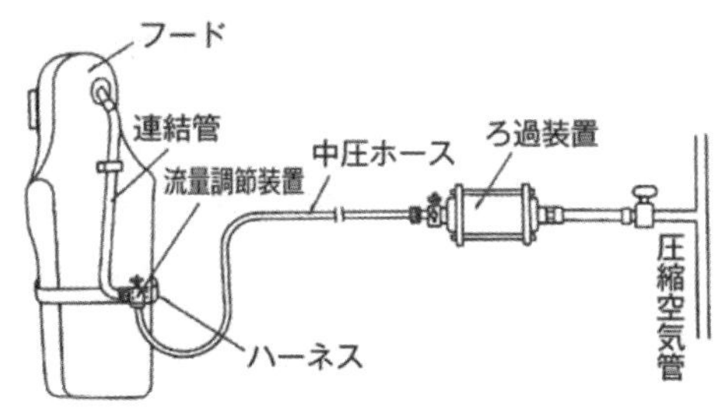

一定流量形エアラインマスク

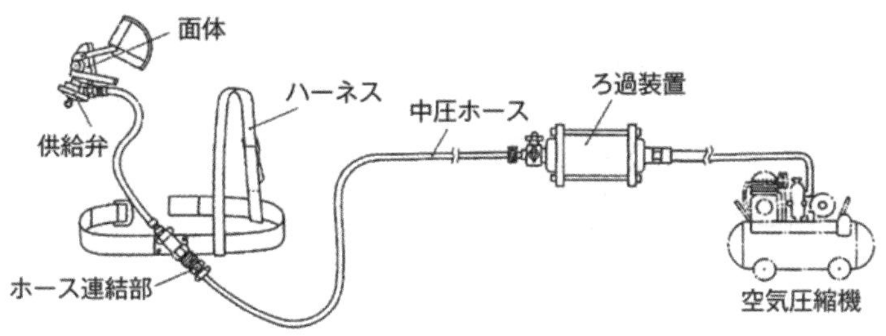

デマンド形エアラインマスク

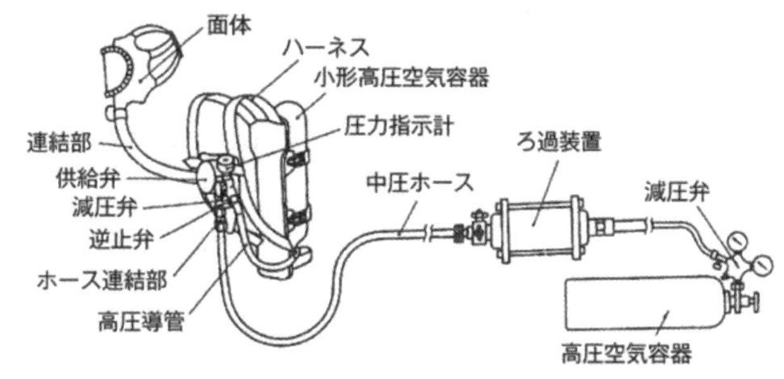

複合式エアラインマスク

（資料：「特定化学物質・四アルキル鉛等作業主任者テキスト」中央労働災害防止協会）

図３－８　エアラインマスクの構造例

3. 送気マスク使用の際の注意事項

送気マスクの使用に当たっては、次のような点に留意する必要がある。

・使用前に、面体から空気源に至るまで異常の有無を入念に点検する。

・専任の監視者を置き、作業者と電源からホースまでを監視させる。監視者は原則として２名以上とし、監視分担を明確にする。

・送風機の電源スイッチ、電源コンセント等必要箇所には、「送気マスク使用中」の標識を掲げておく。

・作業者が声を出さなくても意思疎通ができるよう、作業者と監視者であらかじめ合図を定めておく。

・タンク等の内部における作業等に当たっては、墜落制止用器具を使用するか、緊急時に救出できるように準備をしておく。
・空気源は、常に正常な空気が得られる場所を選定する。
・ホースは必要な長さにとどめ、屈曲、切断、押しつぶれ等が起きないように設置する。
・面体を装着したら、面体の気密テストを行うとともに、送風量が作業強度に応じたものとなっているか等点検する。面体内は、作業環境中の有害ガスが入り込まないよう、常に陽圧を保つように送気する。

4. 送気マスクに係る労働災害

送気マスクは、ホースやエアラインから給気される空気で呼吸することとなるため、エアラインなどが文字どおり命綱である。急性中毒のリスクが大きい場所で使用されることが多く、保護具の選択や使用方法の誤りは、死亡災害や重篤な災害につながりやすい。送気マスクに関連する労働災害としては、次のようなものがある。

(1)　送気マスクを必要とする場所で正しく選択しなかったもの

・空気中の酸素濃度が 18％未満の場所で、防じんマスクを使用した。
・ウレタンフォームを吹き付ける作業で、不活性ガスにより空気が置換されることが想定され、空気中の酸素濃度が不明であったにもかかわらず、防毒マスクを使用した。
・タンク等の内部において、換気装置を設けずに短時間有機溶剤業務を、防毒マスクを使用して行った（有機則第 32 条）。

(2)　送気マスクの使用方法の誤り

・ホースマスクの空気源の近くで、内燃機関による発電機を使用したため、排気ガスがホースマスクに流れ込んだ。
・エアラインマスクのエアラインを空気配管につなぐべきところを、誤って近くの窒素配管に接続した。

◆第 4 編◆

保護具に関する知識
（皮膚障害等防止用の保護具）

第１章

皮膚障害等防止用の保護具

化学物質が皮膚や眼に付着することによる健康障害を防止するとともに、皮膚や眼に炎症を起こしたり、皮膚から体内に吸収されたりすることによる健康障害を防止するため、皮膚障害等防止用の保護具が使用される。

1. 皮膚障害等防止用の保護具の種類

安衛則に規定する皮膚障害等防止用の保護具には、保護衣、保護手袋、履物、保護眼鏡がある。皮膚等障害化学物質等については、特に化学物質の浸透や透過も念頭に置き、化学物質の種類と作業内容に応じて、保護手袋等の素材や使用時間を考慮する必要がある。皮膚障害等防止用の保護具としては、化学防護服、化学防護手袋、化学防護長靴および保護眼鏡について、それぞれ日本産業規格が定められており、標準物質に対する性能や試験方法が定められている(**表４－１**)。日本産業規格に示す性能は、あくまで標準物質に対するものであるから、規格に適合することはもとより、使用する化学物質に対して効果のあるものであることを確認する必要がある。

表４－１　皮膚障害等防止用の保護具の日本産業規格

	日本産業規格	改正時期
化学防護服	T 8115	2015年
化学防護手袋	T 8116	2005年
化学防護長靴	T 8117	2005年
保護眼鏡	T 8147	2016年

2. 保護手袋の重要性

有機溶剤やインク、染料などの取扱いにおいて、素手で直接触れるような作業は少なくなったが、使われている手袋の素材についてはあまり考慮されていないことも多い。

化学物質のばく露は、特に揮発性化学物質において作業環境中から呼吸による吸収に着目されることが多いが、皮膚や粘膜からも吸収される。また、手袋を装着していても、手袋の劣化や、化学物質の浸透、透過により、化学物質が皮膚に直接付着してしまうことがある。このため、揮発性の低い化学物質であっても、皮膚からの吸収により体内に蓄積されることを考慮する必要があり、近年の災害調査からは経皮吸収によるばく露を示唆する事例もみられる。

作業現場での保護手袋の透過には、手袋の素材や厚さ、使用する化学物質の種類やばく露の程度、作業方法や作業時間などが影響するため、事業場において、保護手袋を適正に選択し、正しく使用し、保守管理をすることが求められる。

3. 安衛則との関係

安衛則第 594 条の２においては、皮膚等障害化学物質等を製造し、または取り扱う業務に労働者を従事させるときは、不浸透性の保護衣、保護手袋、履物または保護眼鏡等適切な保護具を使用させることが義務付けられている。ここでいう「不浸透性」は、JIS T 8116 でいう耐浸透性と耐透過性の両方を含むものであり、通達*で示す皮膚等障害化学物質等については、化学物質の透過時間（使用可能時間）を考慮した保護手袋の適正な使用が必要である。

また、安衛則第 594 条の３においては、化学物質等を製造し、または取り扱う業務に労働者を従事させるときは、保護衣、保護手袋、履物または保護眼鏡等適切な保護具を使用させることが努力義務とされている。不浸透性であることまでは求められないため、皮膚や眼への化学物質の直接接触の防止（素手で触らせないなど）に主眼があると考えられ、化学物質が常に付着するような作業であるか、飛沫からの保護を想定するのかにもよるが、少なくとも化学物質の付着により直ちに劣化、溶解するような素材の保護具の使用は避けるべきである。

なお、皮膚障害等防止用の保護具の使用に関しては、対象物質がリスクアセスメント対象物に限定されていないことに留意が必要である。

＊　「皮膚等障害化学物質等に該当する化学物質について」（令和５年７月４日付け基発 0704 第１号　令和５年 11 月９日一部改正）。
https://www.mhlw.go.jp/content/11300000/001165500.pdf

4. 保護手袋等の素材と性能

作業現場で使用される手袋の材質としては、ゴムとプラスチックがあり、それぞれ多様なものが使われている。

日本産業規格に規定する化学防護手袋の性能として、耐劣化性、耐浸透性、耐透過性の３つに着目する必要がある(**表４－２**)。特に､化学物質による手袋素材の透過は、手袋の内側に達した時点で手指の皮膚の部分に接触して、皮膚からの経皮吸収が始まることになるが、眼では確認することができない上に、透過までの時間は、素材と化学物質ごとに異なることに留意が必要である。それぞれの試験方法の詳細は、JIS T 8116の附属書に記載されている。

表４－２　日本産業規格に規定する化学防護手袋の性能

性能	記述	試験における指標の例
耐劣化性	化学物質の接触による素材の物理的変化がないこと。	膨潤、硬化、破穴、分解等
耐浸透性	液状の化学物質による素材への浸透がないこと。	ピンホール、縫い目などからの液体の侵入
耐透過性	気体（分子レベル）の化学物質による素材の透過が起こるまでの時間（長いほどよい）	素材内部を移動して裏面にすり抜けること。

（出典：JIS T 8116附属書）

表４－３は､比較的安価で､50双から100双単位の箱入りが､2,000円から4,000円程度までで広く市場に出回っているものを列挙したものである。手を化学物質に浸漬するなど手全体が化学物質に触れる作業や、ウエスで拭き取る等の手のひら全体が化学物質に触れる作業には向かないものが多い。化学物質への接触が限られる作業における装着を前提としており、化学物質の飛沫がはねて手に触れるなどした場合は、ごく短時間の使用でも交換する。使用に先立ち、JIS T 8116に定める試験方法に基づく性能表示を確認する必要があり、性能表示のないものは、作業中に溶解・膨潤したり、ピンホールから化学物質が浸透したり、知らぬうちに透過したりしてしまうおそれがある。

表４－３　保護手袋の素材Ⅰ

素材	特徴
ニトリル	・安価で頻繁な交換に向いている ・密着性がよい ・耐油性、耐摩耗性に優れる ・厚みに応じて透過性能に幅がある
クロロプレン (ネオプレン)	・強度と柔軟性に優れる ・平均的な耐熱性、耐油性、耐酸・耐アルカリ性を有する
ニトリル・ネオプレン	・ニトリルとクロロプレンを二層にしたもの ・密着性がよい
ニトリル・ポリ塩化ビニル	・ニトリルとポリ塩化ビニルを二層にしたもの ・ポリ塩化ビニルより強度に優れる
ポリウレタン	・耐摩耗性、柔軟性に優れる ・耐油性は限定的 ・透過性能は、物質により大きく異なる
天然ゴム (ラテックス)	・安価で機械的強度に優れる ・炭化水素に溶解する ・ラテックスアレルギー（感作性）に注意 ・食器洗い用など JIS T 8116 の試験性能の表示がないものは不適
PVC（ポリ塩化ビニル）	・強度が弱い ・食品衛生用など JIS T 8116 の試験性能の表示がないものは不適
PE（ポリエチレン）	・耐浸透性能をよく確認する ・食品衛生用など JIS T 8116 の試験性能の表示がないものは不適

表４－４　保護手袋の素材Ⅱ

素材	特徴
PVA（ポリビニルアルコール）	・有機溶剤に幅広く使える ・酸、アルカリに不適 ・水やアルコールとの接触不可
ブチルゴム	・ケトン、エステルにも使える ・厚手で強度がある ・細かい作業には向かない
フッ素ゴム	・塩素化炭化水素、芳香族溶剤にも使える ・密着性が低い
多層フィルム LLDPE	・積層にして耐溶剤性を上げたもの ・酸、塩素化炭化水素に耐透過性を示す ・フィルム状で装着感が悪い（上にニトリル手袋を装着）
多層フィルム EVOH	・積層にして耐溶剤性を上げたもの ・芳香族アミンに対し耐透過性を示す ・フィルム状で装着感が悪い（上にニトリル手袋を装着）

一方、**表４－４**は、比較的高価で、１双ごとに包装され、5,000 円から 25,000 円程度まで、あるいは 10 双入りフィルムとして 10,000 円程度で販売される保護手袋である。JIS T 8116 の規格名「化学防護手袋」を冠しているものが多く、近年、

WEBページなどでの耐透過性データの整備が急速に進んだ。店舗で手に入らない場合は、保護具メーカーや代理店を通じて入手する。素材ごとに取扱い方法が異なり、防護性能もさまざまである。これらについても、**表４－３**に示す保護手袋と同様に、短時間（10分から480分程度）での使い捨てを前提として開発されたものであるため、メーカーが示す性能保証を超えての長時間の使用は、手袋素材を透過した化学物質が皮膚に直接接触して経皮吸収による健康障害の原因になることに留意する。

5. 化学防護手袋の選択【厚生労働省リーフレットから】

全ての化学物質に適合する化学防護手袋はないこと、対象の化学物質に対して耐劣化性や耐浸透性に優れた化学防護手袋であっても、耐透過性能については、限られた時間においてのみ有効であることを念頭において選択することが重要である。市場に多くある保護手袋のうちから、適合しない物を除去した上で、残った物から必要な性能を有することを確認するプロセスとなる。**図４－１**は、厚生労働省が令和６年２月に公表したリーフレットに記載された化学防護手袋の選定フローである。

手順１ 作業等の確認	**手順１（作業等の確認）** 作業や取扱物質について確認 ・取扱物質が皮膚等障害化学物質か。 ・作業内容と時間はどの程度か。
手順２ 化学防護手袋の スクリーニング	**手順２（化学防護手袋のスクリーニング）** 化学防護手袋の材料ごとの耐透過性データを確認し、候補を選定 ・耐透過性能一覧表で取扱物質を確認。 ・手順1で確認した作業内容・時間を参考に作業分類を確認。 ・作業パターンに適した耐透過性レベルの材料候補を選定。
手順３ 製品の性能確認	**手順３（手袋製品の性能確認）** 化学防護手袋の説明書等で製品の具体的な性能を確認 ・材料名、化学防護手袋をキーワードにインターネットで検索する等して参考情報を確認。 ・説明書等で規格、材料、耐浸透性能、耐透過性能等に適しているかを確認。ただし、耐透過性能の情報がない場合は耐透過性能一覧表のデータにより選択して差し支えない。
手順４ （オプション） 保護具メーカーへの 問い合わせ	**手順４（保護具メーカーへの問い合わせ（オプション））** 保護具メーカーへ必要な製品の情報を確認 ・必要に応じ、取扱物質、作業内容等を保護具メーカーへ連絡し、化学防護手袋の選定の助言を受ける（必須ではない）。

（資料：厚生労働省資料）

図４－１　化学防護手袋の選定フロー

以下に、厚生労働省リーフレットと令和５年度厚生労働省委託事業成果物に記載された具体的な手法を説明する。複雑な手順を伴うので、保護具に関する知識および経験を有する保護具着用管理責任者が中心となって行うべき手順である。

(1) 作業と取扱物質についての確認

ア　取扱物質の皮膚等障害化学物質等への該当の有無の確認

まず、取扱物質（混合物であることが多い）のSDSやメーカーのホームページ等を確認し、**図４－２**のとおり、SDSの「15. 適用法令」の欄に「皮膚等障害化学物質等」の記載があるかを確認する。SDSの「15. 適用法令」や有害性区分に該当する記載がない場合であっても、SDSの「3. 組成、成分情報」から成分物質名と含有率を確認し、巻末にリンク先を示した皮膚等障害化学物質等のリストに照らして、皮膚等障害化学物質等への該当の有無を確認する。リスト右欄の裾切値の記載にも留意すること。

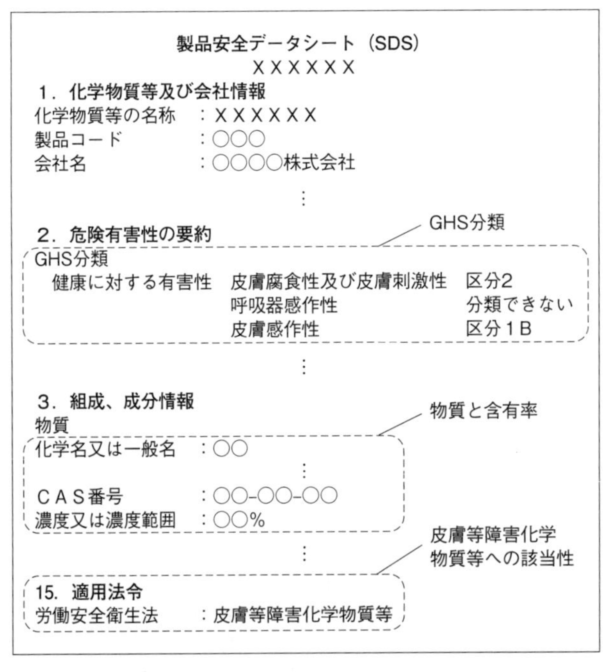

図４－２　SDSイメージ（第２項、第３項、第15項）

次に、「2. 危険有害性の要約」のGHS分類区分を確認する。「皮膚腐食性・刺激性」、「眼に対する重篤な損傷性・眼刺激性」または「呼吸器感作性又は皮膚感作性」のいずれかが区分 1 である場合は、「皮膚等障害化学物質等」に該当する。

これら SDS に記載の情報については、皮膚等障害化学物質等に関する通達が見直された令和 5 年 11 月以降、順次更新されていくものと考えられるが、当分の間は、入手した SDS に洩れがある可能性があるため、該当がない場合は、化学物質の名称や CAS 番号の情報をもとに、公的な化学物質データベース（NITE-CHRIP 等）で情報を検索し、皮膚等障害化学物質への該当の有無を確認するのがよい。

NITE-CHRIP は、独立行政法人製品評価技術基盤機構が提供する化学物質総合情報提供システムで、化学物質の名称や CAS 番号からその法規制・有害性情報等を検索することができる*。

最後に、眼のみへの影響により皮膚等障害化学物質等に分類されているものではないことを確認する。上で確認した情報を**附録 6** にリンク先を示した皮膚等障害化学物質等のリストに照らして、「皮膚刺激性有害物質」、「皮膚吸収性有害物質」の欄に「●」の記載があることを確認する。これにより、対象の化学物質の使用において、不浸透性の保護手袋の使用が義務付けられることがわかる。

もし、皮膚刺激性有害物質の欄に「● eye」と記載され、皮膚吸収性有害物質の欄が空欄の場合は、眼のみへの影響がある皮膚等障害化学物質等であるため、保護手袋ではなく保護眼鏡の使用に特化した対策を講ずる。

イ　取扱い時の性状の確認

提供された SDS 等をもとに、取扱物質の性状および作業内容を把握し、取扱い時の性状を確認する。SDS では、「9. 物理的及び化学的性質」を参照すればよい。

固体の取扱いにおける化学防護手袋の選定については、(2) のウの（ア）を参照のこと。

ウ　作業内容と作業時間の確認

化学物質の取扱状況、すなわち皮膚ばく露の状況を確認する。これは、皮膚障害等を化学物質そのものの有害性だけでなく、そのばく露の程度にも着目して防止する試みである。

---

*　https://www.chem-info.nite.go.jp/chem/chrip/chrip_search/systemTop

表４－５に示すような記入シートを参考にしてもよい。

表４－５　作業内容・作業時間の確認シート（例）

項目	内容（例）	記入欄	判定*
使用時の状況	これまでの作業で化学物質が手（手袋）に付着したことがあるか。	・はい ・いいえ	
	付着したことがある場合、手にどの程度付着したことがあるか。	・手から肘まで ・手と手首 ・両手全体 ・両手のひら ・片手のひら ・飛沫程度	・接触大きい ・接触限定的 ・接触しない
作業時間	準備、後片付けも含めて化学物質が皮膚に付着する可能性のある時間はどの程度か。 なお、作業時間は化学物質に触れる時間ではなく、化学物質に触れる可能性のある作業を開始してから終了するまでの時間である。		・60分以下 ・60分超240分以下 ・240分超

＊判定欄は、次の（2）で使用する。

(2) 適切な化学防護手袋のスクリーニング

取扱い物質や作業内容・作業時間をもとに、附録６にリンク先を示した耐透過性能一覧表を参考に化学防護手袋の材料の候補を選定する。耐透過性能一覧表の各項目については、「皮膚障害等防止用保護具の選定マニュアル」のP.34－35を参照のこと。

凡例は、JIS T 8116の耐透過性クラスを参考に、一部クラスをまとめ表４－６のとおり記号と色分けで示している。不適合とされたものについては、平均標準破過検出時間が非常に短いため、基本的に使用できない。

表４－６　耐透過性能一覧表の凡例

凡例	定義 （JIS T 8116 に基づく）	平均標準破過検出時間 （JIS T 8116 に基づく）
◎	耐透過性クラス 5 以上	240 分超
○	耐透過性クラス 3、4	60 分超 240 分以下
△	耐透過性クラス 1、2	10 分超 60 分以下
×	不適合	10 分以下

（資料：厚生労働省「皮膚障害等防止用保護具の選定マニュアル（第1版）」令和6年2月）

ア　使用可能な耐透過性クラスの確認

（1）で確認した作業内容と作業時間に応じて、使用可能な耐透過性クラスを決定する。

＜作業分類＞

作業内容に応じて、通常時、異常時の2つに分けて化学物質が皮膚に付着する状況を考慮し、接触が大きい作業（作業分類1）、接触が限られている作業（作業分類2）、接触しないと想定される作業（作業分類3）の3つに作業分類を行う。

通常時と異常時の作業分類が異なる場合は、化学物質に触れる面積が大きいほうの分類を採用する。

＜作業時間＞

作業時間に応じて、60分以下、60分超240分以下、240分超の3つのうちいずれに該当するかを確認する。1時間以内の作業、半日以内の作業、終日行う作業の3つに区分すればよく、休憩時等に手袋を脱着して交換する場合は、以後新たに作業時間を設定してよい（**図4－3**参照）。

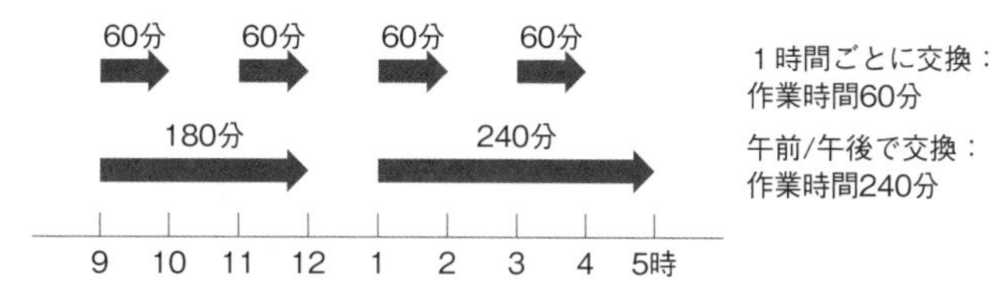

図4－3　休憩等で脱着して交換する場合の作業時間の考え方

作業分類と作業時間を勘案し、「皮膚障害等防止用保護具の選定マニュアル」の図3－9（以下の**図4－4**）に従って、使用可能な手袋を選定する。

使用の可否に着目して簡素化すると、**表4－7**のようになる。

使用可能な耐透過性クラス[※1]（JIS T 8116に基づく） ◎ 耐透過性クラス5、6 ○ 耐透過性クラス3、4 △ 耐透過性クラス1、2 ※1：なお、「使用可能な耐透過性クラス」は幅で記載されているため、作業時間と破過時間で差異がある可能性がある		作業分類１ 接触面積が大きい作業 手を浸漬するなどで、**手や腕全体**が化学物質に触れる作業やウエスで拭きとる等で**手のひら全体**が化学物質に触れる作業等、**化学物質に触れる面積が大きい作業**または、何らかの異常や意図しない事象が起きたときに、手が浸漬するなど、大きな面積が化学物質に触れてしまうおそれが高い作業			作業分類２ 接触面積が限られている作業 作業分類1以外で、**指先**に化学物質が触れる作業や**飛沫により液滴が手に触れる**作業等、**手の一部が化学物質に触れる作業**または、何らかの異常や意図しない事象が起きたときに、手の一部が化学物質に触れてしまう**おそれが高い作業**			作業分類３ 接触しないと推定される作業 化学物質を取り扱うが、**化学物質に触れることは通常想定されない作業**または、何らかの異常や意図しない事象が発生した際に、**飛沫等がかかるおそれがある作業**。 本分類では**化学物質に触れた際はその時間を起点に、取扱説明書に記載の使用可能時間以内に速やかに手袋を交換**する		
作業時間	240分超	◎			◎	○		◎	○	△
	60分超 240分以下	◎	○		◎	○	△	◎	○	△
	60分以下	◎	○	△	◎	○	△	◎	○	△

※2：なお、異常時や事故時において化学物質に触れ、重大な健康影響を及ぼすおそれがある場合には、化学物質の有害性を踏まえて、接触するシナリオに応じた保護手袋、保護衣等を選定のうえ、着用すること
※3：密閉化や自動化された作業等、化学物質に接触することが全く想定されない作業については、必要に応じて手袋を着用する。

図４－４　作業分類、作業時間および使用可能な手袋の対応表

表４－７　保護手袋を使用する作業の分類と選択の早見表

	作業分類１ 接触が大きい作業	作業分類２ 接触が限られている作業	作業分類３ 接触しないと想定される作業
通常時	化学物質に触れる面積が大きい作業	手の一部が化学物質に触れる作業	化学物質に触れることが想定されない作業
異常時	大きな面積が化学物質に触れてしまうおそれが高い作業	手の一部が化学物質に触れてしまうおそれが高い作業	飛沫等がかかるおそれがある作業
補足説明	手のひら全体が化学物質に触れる作業（ウエスによる払拭など） 異常時等に手が浸漬するおそれがある作業	指先に化学物質が触れる作業や飛沫により液滴が手に触れる作業 作業頻度、使用量、化学物質の濃度を考慮してもよい	
作業時間≦60分	－	－	－
作業時間≦240分	クラス１、２は不可	－	－
作業時間>240分	クラス1、2、3、4は不可	クラス1、2は不可	－
留意事項	耐透過性クラスで定められた時間を守る 製品の破過時間を確認する		クラス1、2は付着の都度交換する

全ての作業時間において、クラス5、6が望ましい。

手袋素材に対する化学物質の透過は、複雑なプロセスと考えられるが、現在得られた破過時間等のデータは、実験レベルで得られたものにすぎないため、過信すべきではない。実際の使用可能時間の設定に当たっては、使用状況や使用場所の環境、混合物の状態等を考慮し、破過時間には安全率を見込む必要がある。

イ　使用可能な手袋素材の確認

附録6にリンク先を示した耐透過性能一覧表を使用し、使用可能な手袋素材を選定する。一覧表上で、取り扱う化学物質の情報を、CAS番号または化学物質の名称で検索する。次に、アで整理した使用可能な耐透過性能を満たす手袋素材を確認した上で、該当する製品を選択する。

ウ　留意事項

（ア）固体取扱い時の対応

乾燥した固体の化学物質の取扱いにおいては、化学防護手袋の選定に制約はない。ただし、以下の条件においては、化学物質の透過を考慮し、不浸透性の化学防護手袋を選択すること。

・ナノ粒子状物質
・固体が昇華する物質：ナフタレン、沃素等
・大気中の水分を吸収して液体化する（潮解性の）物質：水酸化ナトリウム、塩化カルシウム、クエン酸等
・空気や水分と化学的に反応する物質
・液体や他の固体と混合されている物質
・ペースト状の物質

（イ）混合物取扱い時の対応

混合物の取扱いにおいては、その全ての成分に対してアおよびイを検討することが望ましいが、選択肢が限られる場合は、成分に対し有害性（特に発がん性、生殖細胞変異原性））に応じて優先順位をつけるなどの対応を検討する。必ずしも混合物中の主成分を優先すればよいとは限らない。以下は、「皮膚障害等防止用保護具の選定マニュアル」に記載されている対応例である。

・混合物中の複数の成分に対し、破過時間が最も長い手袋素材を選択する。
・混合物中の成分がいずれも透過しないよう、手袋素材を複数選択して重ねて使用する。

（ウ）研究開発部門等での保護手袋の選択

研究開発部門等で、保護手袋を交換することなく少量多品種の化学物質を取り扱う場合は、使用する全ての化学物質に対し耐透過性能を有することを確認する必要がある。ある特定の化学物質に対し耐透過性能を有しない場合は、その化学物質の取扱い時に別の耐透過性能を有する保護手袋を使用するよう定める方法もある。

（エ）　使用可能な手袋素材がない場合

公開されているデータの範囲で使用可能な手袋素材を見つけることができない場合は、信頼できる保護手袋メーカーに問い合わせてみる。

●コラム●　化学物質の浸透と透過

安衛則で規定する不浸透性の保護手袋には、耐浸透性、耐透過性をともに満たすことが求められる。化学物質の浸透とは、ピンホールや縫い目などから液体が浸み込むことをいい、JIS における耐浸透性クラスは、抜取検査の不良品率であらわされる。一方、化学物質の透過とは、何ら傷のない手袋素材を、化学物質が分子レベル（気体）ですり抜けることをいう。ヘリウム風船を放置すると内部のヘリウムガスが抜けてしぼんでしまうが、これは風船内のヘリウムガスが風船素材をすり抜けて外部に出てしまったためである。手袋素材がゴムやプラスチックなどの高分子素材で構成される以上、化学物質の透過は時間の問題といえる。高価な化学防護手袋といえども、ある化学物質で８時間以上の透過時間をもつものが、別の化学物質では１分以内で透過することもあるため、使用化学物質ごとのデータの確認は欠かせない。

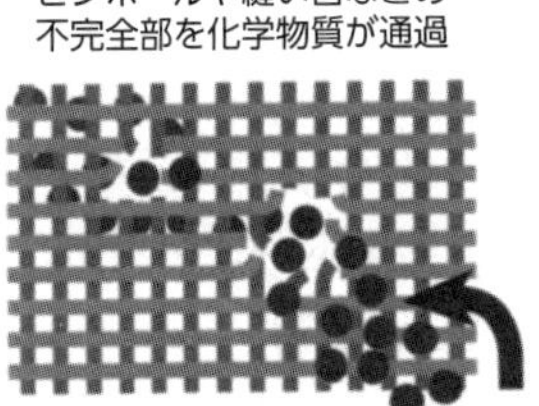

図４－５　浸透の原理

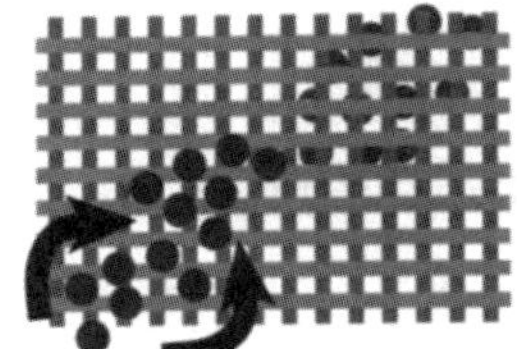

図４－６　透過の原理

6. 保護手袋の使用と保守管理

(1) 装着前の点検

保護手袋の装着に当たっては、その都度、作業者に、傷、穴あき、亀裂等外観上の異常がないことを確認させる。運搬、保管時に傷つく可能性があるほか、ゴム素材に気泡が生ずるなど製造時からのピンホールの可能性もある。保護手袋の内側に空気を吹き込み、穴がないことを確認する方法もあるが、厚手の素材など全て確認できるわけではない。

手袋のフィット感は、作業性に影響することから、手の大きさに合ったサイズの保護手袋を選定する。なお、天然ゴム素材のものは、まれに、ゴムの木の樹液に由来するたんぱく質が原因のラテックスアレルギーを引き起こすことがあるため、試着時に異常がないかどうかを確認する。ラテックスアレルギーは、皮膚だけでなく浮遊素材を吸い込み喘息のような呼吸器症状を引き起こすこともある。

予備の保護手袋を常時備え付け、適時交換して使用できるようにする。

(2) 透過時間（使用可能時間）の確認

あらかじめ調査した透過時間をもとに安全率を見込んで使用可能時間を設定して作業者に周知し、交換時期を徹底させる。一度使用を開始した保護手袋は、作業終了後も素材への透過が進行するので、作業を中断している間も使用可能時間に含めること。特に、作業終了後、翌日の作業に再使用することはできない旨を徹底させる。

(3) 保護手袋の取外し

保護手袋を脱ぐときは、外面に付着している化学物質が身体に付着しないよう、できるだけ化学物質の付着面が内側になるように外し、廃棄する。保護手袋の外し方については、作業者全員で手順を共有しておく。手順を動画や写真で見えるようにしておくことが、災害を防ぐポイントになる。

汚染した保護手袋は放置せず、他の作業者が触れないよう袋に入れて密封して捨てる。廃棄に当たっては使用する化学物質のSDSや関係法令に従うこと。

(4) 袖口の処理

化学物質による労働災害の調査において、化学物質が袖口から侵入したと思われるケースが散見される。必要に応じて、袖口を不浸透性のテープで止める等の対応が必要である。腕を肩より上に上げて行う洗浄作業など、化学物質が袖口から侵入することがあらかじめ想定される作業では、必要に応じて、専用の袖口用器具を用いる、手袋一体型化学防護服を選択するなども考慮する。

(5) 保護手袋の保守管理

未使用の保護手袋を保管する際は、直射日光や高温多湿を避け、冷暗所に保管する。PVA 素材の保護手袋は、空気中の水分に触れて表面が劣化するので、使用直前まで開封してはいけない。

7. 保護衣

安衛則に規定する保護衣には、作業着や白衣も含まれるが、局所排気装置の囲い式フードなどにより液滴からの保護がない限りは、不浸透性の性能表示がある化学防護服を選択すべきである。

化学防護服は、酸、アルカリ、有機溶剤その他のガス状、液体状または粒子状の化学物質を取り扱う作業において、化学物質が作業者の皮膚に直接接触することによる健康障害を防止するために使用する。

化学防護服の種類は、JIS T 8115 に具体的に規定されている。内部を気密に保つ構造の気密服（タイプ 1)、外部から呼吸用空気を取り入れ内部を陽圧に保つ構造の陽圧服（タイプ 2）のほか、液体防護用密閉服（タイプ 3）や浮遊固体粉じん防護用密閉服（タイプ 5）などがある（**表４－８**)。タイプ５の浮遊固体粉じん防護用密閉服は、浮遊固体粉じんを防護するもので、通気性、透湿性が良い特徴があり、液体化学物質の防護には適さない。市販されている化学防護服は、２つ以上のタイプに対応可能なものが多い。

綿織布の繊維構造（貫通孔は50μm）

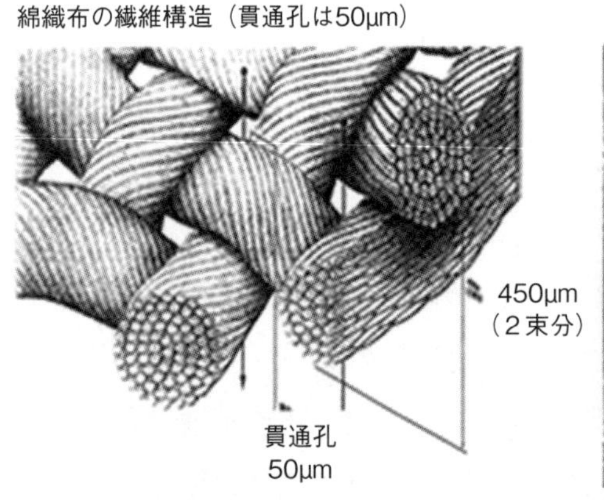

不織布の防護服の表面形状

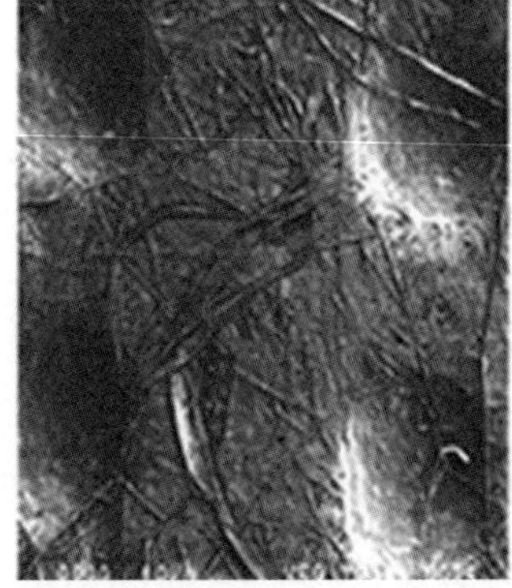

（資料：旭・デュポン フラッシュスパン プロダクツ㈱）

図４－７　防護服の表面形状

表 4 － 8　JIS T 8115 に規定する全身化学防護服の種類

タイプ 1	気密服	自給式呼吸器等を服内 / 服外に装着する気密服
タイプ 2	陽圧服	外部から服内部を陽圧に保つ呼吸用空気を取り入れる構造の非気密形全身化学防護服
タイプ 3	液体防護用密閉服	液体化学物質から着用者を防護するための全身化学防護服 所要の耐液体浸透性をもつもの
タイプ 4	スプレー防護用密閉服	スプレー状液体化学物質から着用者を防護するための全身化学防護服 所要の耐スプレー状液体化学物質浸透性をもつもの
タイプ 5	浮遊固体粉じん防護用密閉服	浮遊固体粉じんから着用者を防護するための全身化学防護服
タイプ 6	ミスト防護用密閉服	ミスト状液体化学物質から着用者を防護するための全身化学防護服

表 4 － 9　衣類の組合せにより WBGT 値に加えるべき着衣補正値（℃ -WBGT）

組合せ	WBGT 値に加えるべき着衣補正値（℃ -WBGT）
作業服	0
つなぎ服	0
単層のポリオレフィン不織布製つなぎ服	2
単層の SMS 不織布製のつなぎ服	0
織物の衣服を二重に着用した場合	3
つなぎ服の上に長袖ロング丈の不透湿性エプロンを着用した場合	4
フードなしの単層の不透湿つなぎ服	10
フードつき単層の不透湿つなぎ服	11
服の上に着たフードなし不透湿性のつなぎ服	12
フード	+1

※ 1：透湿抵抗が高い衣服では、相対湿度に依存する。着衣補正値は起こりうる最も高い値を示す。
※ 2：SMS はスパンボンド - メルトブローン - スパンボンドの 3 層構造からなる不織布である。
※ 3：ポリオレフィンは、ポリエチレン、ポリプロピレン、ならびにその共重合体などの総称である。
（出典：厚生労働省「熱中症予防対策要綱」）

なお、タイプ 3 など蒸気を透過しない機能は、通気性、透湿性を犠牲にしており、体熱の放散がしづらく熱中症リスクが高くなることにもつながる。このため、熱中症予防対策として実施する暑さ指数（WBGT 値）による労働衛生管理においては、相当の着衣補正値を見込む必要がある（**表 4 － 9**）。WBGT 基準値に照らして評価し、必要に応じて休憩時間を長めに確保する。

また、これら全身化学防護服とは別に、化学防護服の素材を用いたガウンやエプロンなどの部分化学防護服もある。全身化学防護服は、装着者への負担が大きく、作業性への影響もあることから、単に防護性能が高いものを選択すればいいというわけではない。保護具着用管理責任者は、首回りや袖口、背面への液滴のはねが想定されるかどうかなど化学物質のばく露実態に応じて、部分化学防護服の採用も検討する。

8. 保護眼鏡

化学物質を取り扱う作業において、浮遊粉じん、飛沫、飛来物などから作業者の眼や顔を保護するために保護眼鏡等を使用する。

保護眼鏡には､ゴグル形（あらゆる角度から発生する飛来物などから眼を保護する）とスペクタクル形（正面からの飛来物などから眼を保護する。サイドシールド付きは正面および側面からの飛来物などから眼を保護する）がある。顔面を保護するためには顔面保護具（防災面）も使用可能である。

化学物質のガスや蒸気から作業者の眼や顔面を保護する必要がある場合は、全面形面体、フェイスシールドまたはフードを有する、取り扱う化学物質に対して有効な呼吸用保護具を使用する必要がある。

保護眼鏡等の選択に当たっては、作業者の顔にあったものとするとともに、他の保護具との干渉を考慮し、作業への支障がないようにする。作業者が眼鏡使用者である場合は、眼鏡の上から装着することができる保護眼鏡もある。

作業者がコンタクトレンズを使用していると、化学物質の飛沫が眼に入ったときに重篤な障害を引き起こすおそれがあるので、あらかじめ作業者に対して注意喚起をして眼鏡使用を呼びかけ、やむを得ない場合はゴグル形の保護眼鏡を使用させる。

9. 他の保護機能との兼ね合い

保護具は、特定の保護機能があればよいわけではなく、作業の中で他の災害リスクとの調和が求められる。

(1) 保護手袋の機能

保護手袋は、作業に従事する手を保護するものであるから、化学品からの防護以外の機能も期待されることが多い。例えば、感電防止、切創防止、油汚れ防止、防振などの機能である。これらは、日本産業規格で基準が定められているが、全ての機能を備える保護手袋はないことに留意が必要である。

しかも、二重装着により必ずしも機能が合算されるとは限らず、防振機能のように、試験してみないと予想がつかないということもある。

(2) 保護衣、保護手袋、履物と作業性

いずれもサイズが体にぴったり合うものである必要がある。保護手袋が手にフィットしないと小さな部品を掴めず作業に支障が出たり、試験管を倒して化学物質をこぼしてしまったりする。

履物は、床面で滑ったりすることがないよう、化学防護性能に加え、制動性能もまた重要である。化学防護長靴については、通気性が問題となることがある。

(3) 保護眼鏡の装着感

保護眼鏡は、他の皮膚障害等防止用の保護具と異なり、万一の液滴の飛来に備えて長時間の装着を求められることが多い。そのため、保護具着用管理責任者は、化学物質に対する耐久性能だけでなく、重量、大きさ、清潔さ、鼻や耳への圧迫感やしめひもの感触、視野の広さ、視力矯正用眼鏡との干渉など、装着者の不快感をできるだけ解消し、必要なときに装着していなかったといった事態がないようにする必要がある。液滴の付着がなくても、長期間の使用で劣化したり表面の傷により見えにくくなったりするので、一定期間使用後は新品と交換するのが良い。

(4) 保護具の接続部分の処理

化学防護手袋と化学防護服との接続部分に隙間があると、液体の化学物質が侵入するので、必要に応じてテーピングする。ただし、肩より上方に腕を挙げて行う洗浄作業など、液滴が腕を伝わり流れてくる場合は、手袋一体型防護服を選択するか、特殊仕様のカプラーを入手して使用する必要がある。

その他、防じんマスクと溶接面との顔面での干渉、保護眼鏡と防毒マスクの鼻での干渉などにも留意する。

◆第 5 編◆

関係法令

第１章

化学物質の種類と規制体系

1. 化学物質規制法令の体系

法令により、製造・輸入や使用が禁止されている有害物は、ベンゼンを含有するゴムのり、石綿など８種類のみである。それ以外、国内で使用されている化学物質の種類は７万物質あまりにもなる。この中には、特化則、有機則、粉じん則など特別則の対象である個別規制物質 123 種類を含め、製造、取扱に当たりリスクアセスメントの実施が義務付けられている 896 物質が含まれる。それ以外の物質については、国による GHS 分類が進められているもの、研究レベルで合成されたが市場に出回っていないものなどであり、譲渡提供時の SDS の交付や、製造・取扱に当たってのリスクアセスメントの実施は、努力義務とされている。国内で使用される化学物質全体の令和６年４月１日現在の規制イメージを図５－１に示す。

リスクアセスメント対象物については、現在の 896 物質を令和８年４月１日までに順次 2,316 物質に拡大することが決まっており、これに伴ってがん原性物質をはじめとする対象物質も変更されることが考えられる。

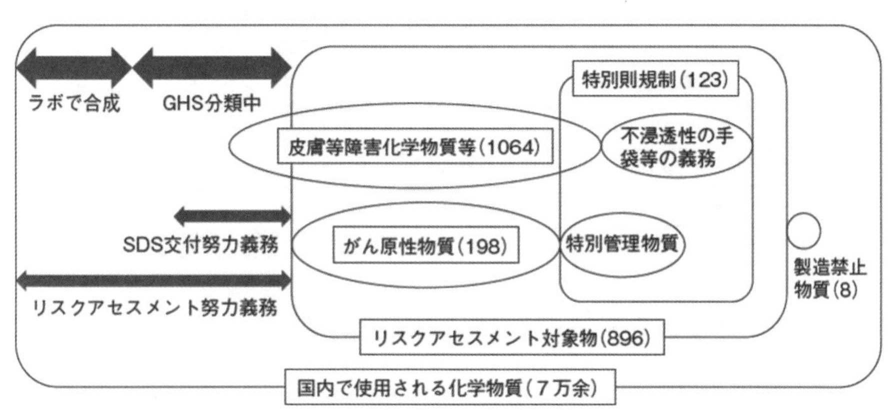

図５－１　国内で使用される化学物質の規制イメージ（図１－１再掲）

また、リスクアセスメント対象物以外の化学物質については、現在入手可能な危険性・有害性の情報が限定的であるためリスクアセスメントの義務付けがないだけであり、特に、慢性的健康影響や職業がんに対する懸念がないわけではない。今後、国による GHS 分類が進み十分な情報が得られた段階で、リスクアセスメント対象物に追加されるものと考えられる。

2. 自律的な化学物質管理における法令遵守

令和４年５月の安衛則改正により導入された自律的な化学物質管理の下では、従来の特化則のような一律で具体的な措置義務、すなわち換気装置の設置稼働、作業環境測定の実施、特殊健康診断の実施などの定めはない。化学物質の製造や取扱いにおいては、化学物質が同じであっても、作業状況によりそのリスクはさまざまであるから、個々の事業場においては、化学物質管理者の技術的管理の下で行われるリスクアセスメントの結果に基づき、事業者が措置を決定する。**図５－２**に示すとおり、従来の特別則のような一律の措置に相当するものは、事業者が決定した措置すべき事項ということになる。

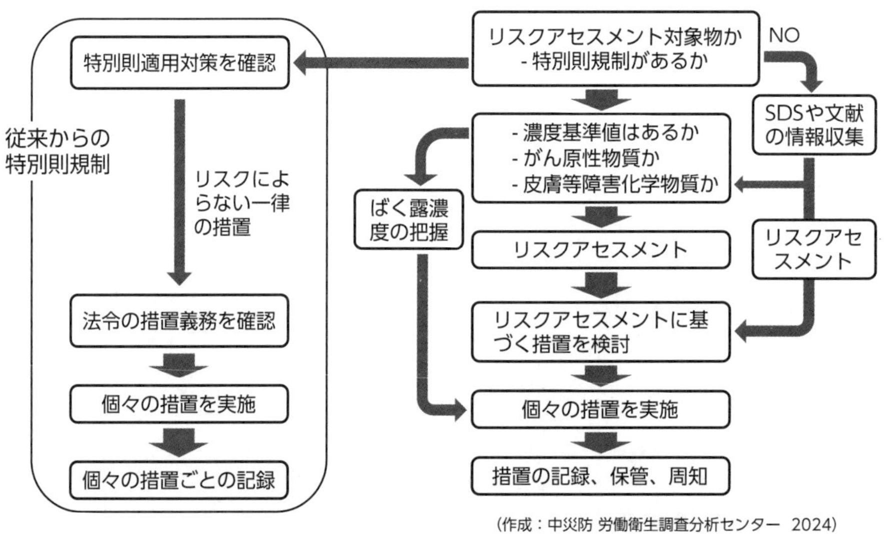

図５－２　個別規制と自律的な管理の比較

したがって、法令遵守という観点からは、リスクアセスメントの実施結果と、その結果に基づき、多くの選択肢の中から事業場にとって必要かつ十分な措置を選択することが重要であり、その経緯について、記録して保存する必要がある。その過程で、労働者の意見の聴取が必要となることは言うまでもない。

必要かつ十分な措置としては、リスクアセスメント対象物の使用量や作業方法に応じた換気設備の設置稼働などが考えられるが、第三次産業などにおいては、使用量を抑制したりばく露が小さい作業方法を選択したりすることにより健康障害のリスクを小さくすることができる場合も多い。このようにリスクが小さいことを確認し、それに応じた対策を講ずればよいのであるが、リスクアセスメントをどのようにして実施したのか、その結果がどのようになったのか、必要な対策をどのように決定したのかを記録し、事業場における決定プロセスを明らかにしておく必要がある。今後は、これらの記録が法令遵守の証になるとともに、事業主や後任者に決定プロセスがわかるようにしておくことが求められる。

3.　特別則との関係

ここで、特化則、有機則などの対象物質もリスクアセスメント対象物に含まれるが、これら特別則は、引き続き法令による個別規制が行われることを承知しておく必要がある。

つまり、有機則の対象物質を使用して塗装などの有機溶剤業務を行う場合は、リスクアセスメントの結果、リスクが十分に小さいとされたとしても、有機則に基づく措置を講ずる必要があるということである。すなわち、図５－２において、特別則の対象でもある場合は、左側の措置を行うこととなる。

4.　情報伝達の強化

リスクアセスメント対象物は、通知対象物でもあるから、その譲渡・提供に際しては、安全データシート（SDS）が交付される。リスクアセスメント対象物の取扱いに当たっては、SDS に記載されている事項を確認する。

SDS の「9. ばく露防止及び保護措置」には、使用すべき保護具の別が記載されている。

令和５年４月１日以降、SDS の通知事項である「人体に及ぼす作用」については、

SDS の交付者が 5 年以内ごとに確認することとされており、必要に応じて更新されることになるから、取扱事業者において、ばく露限界値や使用すべき保護具などが変更された旨の通知を受け取った場合は、必要な対応をとる。

第２章
保護具の使用義務

安衛則におけるばく露防止措置は、全てのリスクアセスメント対象物についてのばく露の程度の低減と、そのうち、濃度基準値が設定された物質についての濃度基準値以下とする義務とに分けられ、いずれに対しても、呼吸用保護具の使用は、有効な措置の１つとなっている。

また、安衛則における化学物質の皮膚への直接接触の防止措置は、皮膚障害等防止用の保護具の備え付けと、化学物質の皮膚への直接接触の防止のための保護具の使用についての努力義務、それに、通達で示された皮膚等障害化学物質等についての不浸透性の保護具の使用義務とに分けられる。

1. ばく露の程度の低減等（安衛則第577条の２第１項関係）

事業者は、リスクアセスメントの結果等に基づき、代替物の使用、発散源を密閉する設備、局所排気装置・全体換気装置の設置と稼働、作業の方法の改善、有効な呼吸用保護具を使用させること等必要な措置を講ずることとなる。呼吸用保護具の使用は、他の措置を講じてもなおばく露濃度の低減が十分でない場合に行うこととなるが、労働者がばく露される程度を最小限度にするために有効な措置の１つである。

2. 濃度基準値以下とする義務（安衛則第577条の２第２項関係）

リスクアセスメント対象物のうち、国が告示で濃度基準値を設定した67物質（令和６年４月１日適用分）を製造し、または取り扱う屋内作業場においては、労働者がその物質にばく露される程度を、濃度基準値以下にすることが義務付けられている。

濃度基準値の遵守義務は、厳格に定められており、リスクアセスメントを実施し、労働者の呼吸域（呼吸用保護具の外側）における濃度が、濃度基準値の２分の１を超えると判断された場合は、確認測定という個人ばく露測定（実測）が必要となる。最終的に、濃度基準値以下であるかどうかは、労働者のばく露の程度によることになるから、呼吸用保護具を着用した場合は、その内側の濃度により判断する。すなわち、労働者の呼吸域における濃度を、指定防護係数で除した値となる。

3. 皮膚障害等防止用の保護具の備え付け（安衛則第594条関係）

従来から、皮膚や眼に障害を与える物を取り扱う業務、または有害物が皮膚から吸収されたり、侵入したりして、健康障害を起こすおそれのある業務においては、不浸透性の保護衣、保護手袋、履物または保護眼鏡等適切な保護具の備え付けが義務付けられている。

4. 皮膚等障害化学物質等に対する保護具の使用義務（安衛則第594条の2関係）

令和６年４月１日から、通達で定める皮膚等障害化学物質等を製造し、または取り扱う業務に労働者を従事させるときは、不浸透性の保護衣、保護手袋、履物または保護眼鏡等適切な保護具を使用させる義務が追加されている。

皮膚等障害化学物質等は、通達に明記されており、SDSなどから容易に判別できる皮膚刺激性有害物質と、通達に個別に列挙された皮膚吸収性有害物質とがある。合わせて1064物質が対象となり、リスクアセスメント対象物以外の化学物質も含まれていることに留意する。

5. その他の化学物質に対する保護具の使用努力義務（安衛則第594条の3関係）

多くの化学物質は、皮膚への直接接触や眼に入ることにより健康障害を起こすことがある。改正安衛則では、皮膚等障害化学物質等以外の化学物質やその混合物についても、製造し、または取り扱う業務に労働者を従事させるときは、保護衣、保護手袋、履物または保護眼鏡等適切な保護具を使用させるよう努めることとされている。

皮膚への直接接触や眼に入ることにより健康障害を起こさないことが明らかな物質については、保護具の使用努力義務は課されないことになるが、SDS等に記載された有害性情報を念入りに確認する必要がある。この努力義務の規定については、不浸透性との表記はされていない。

6. その他

上に述べた事業者に対する保護具の備え付けや使用させる義務に関し、保護具の使用を命じられた労働者は、保護具を使用する義務がある。また、特定の有害業務の一部を請負人に請け負わせるときは、保護具を使用する必要がある旨を周知させなければならない。

第3章
第三管理区分場所への対応

自律的な化学物質管理においては、労働者の化学物質にばく露する程度を低減する方法はさまざまなものが考えられる一方、従来から特別則で規制されている個別規制物質については、密閉化や局所排気装置の設置・稼働など、方法が限定されている。そのため、作業環境の改善が必要とされた作業場所についても、他のリスクアセスメント対象物と同様に、労働者の化学物質にばく露する程度を低減する具体的な方法が定められた。

1．第三管理区分に対する必要な改善措置の考え方

特別則に基づく作業環境測定の結果の評価の結果、第三管理区分に区分された場所については、特別則の規定に基づき、評価の結果に基づく措置として、直ちに点検を行い、施設または設備の設置または整備、作業工程または作業方法の改善その他作業環境を改善するため必要な措置を講じ、管理区分を第一管理区分または第二管理区分となるようにしなければならないとされている。

したがって、第三管理区分と評価された場合は、従来どおり作業環境の改善等の措置を講ずることが原則である。作業が複雑で囲い式フードの設置が困難な場合、溶剤等の発散面が広すぎるために、外付け式フードがつけられない場合など、一見すると作業環境改善が困難と思われた場合でも、工学的対策の専門家の関与により、気流を工夫したプッシュプル型換気装置が設置され、第一管理区分にまで改善したという事例は多くある。

しかし、全てがこのような解決をみるわけではなく、第三管理区分と評価された作業場所には、発散源の密閉化、局所排気装置やプッシュプル型換気装置の設置といった工学的措置が技術的に困難な場合がある。結果として、作業環境が第三管理区分のまま改善されず、労働者のばく露の程度が最小限度とならない状態が放置されてしまう状況も一定数ある。令和４年５月の法令改正は、こうした第三管理区分が結果として放置されてきた作業場所に対する措置の強化であり、まずは、工学的措置等によ

り作業環境改善の可能性があるかについて、専門的見地からの判断を求めるところが出発点となる。

作業環境改善の可否については、事業場の外部の作業環境管理専門家の意見を求める必要があり、改善の余地がないと専門家が判断すれば、適正な呼吸用保護具を選択して使用することにより、化学物質の濃度が高い作業環境においても、労働者のばく露の程度を一定以下とする改善の取組等を講ずることとされたものである。

2. 現状把握と専門家からの意見聴取

作業環境管理専門家は、事業場からの依頼を受けて、対象化学物質に関する情報、直近３回分の作業環境測定結果報告書や特殊健康診断の実施状況等をもとに、作業場所における調査を行う。作業環境管理専門家は、作業環境測定機関などに所属していることが多いので、通常、作業環境測定を依頼した作業環境測定機関に依頼すればよいが、自社測定の場合などには、新たに依頼を受けた作業環境管理専門家は、その作業環境測定士や作業環境測定機関に対する精度管理活動状況を求め、または新たに作業環境測定を実施することがある。

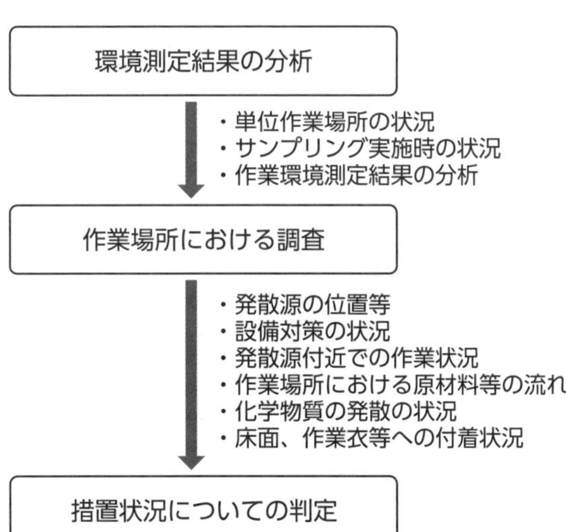

図５－３　作業環境管理専門家による確認

作業環境管理専門家による作業場所の調査等の実務については、厚生労働省ホームページで公表されている委託事業成果物「作業環境管理専門家の指導用マニュアル」を参照のこと。

https://www.mhlw.go.jp/content/11300000/001240051.pdf

3. 呼吸用保護具を選択するための個人サンプリング測定等

作業環境管理専門家により、第一管理区分または第二管理区分とすることが困難と判断された作業場所については、直ちに、個人サンプリング測定等を行い、その結果に応じて、労働者に有効な呼吸用保護具を使用させる必要がある。

例えば、管理濃度 20 ppm の第２種有機溶剤を取り扱う単位作業場所についての作業環境測定結果の評価が第三管理区分で、さまざまな措置を講じても改善が十分でなく、作業環境管理専門家による調査確認によっても改善措置ができないと判断されたとする。個人サンプリング測定等を行った結果、80ppm とされた場合は、要求防護係数４以上の指定防護係数を有する呼吸用保護具、例えば半面形防毒マスク（指定防護係数 10）を選択する。

このようにして選択した呼吸用保護具は、正しく装着してはじめて所定の効果を発揮するものである。面体を有する呼吸用保護具については、着用者の顔面に合った形状および寸法の接顔部を有する面体を選択する必要があるため、法令に基づき、関係作業者ごとにフィットテストを実施しなければならない。フィットテストについては、第３編第２章４を参照のこと。

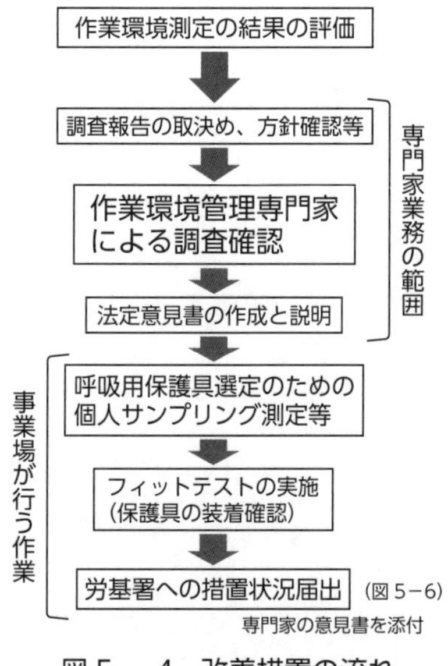

図５－４　改善措置の流れ

4. 法令に基づき必要な手続

第三管理区分に区分された作業場所について、改善措置が困難とされた場合に必要な対応を表にまとめた。

表５－１　改善措置が困難とされた場合の対応表

対応事項	補足	実務	根拠条文
作業環境管理専門家からの意見聴取	設備設置、作業方法の改善等による改善が可能かどうかを確認	書面による専門家意見 専門家要件の書面 専門家意見の概要の労働者への周知	特化則第 36 条の３の２第１項、第３項第４号など
個人サンプリング測定等の実施	ばく露濃度を把握し、有効な呼吸用保護具を選定	個人サンプリング測定等の結果の記録 ６カ月以内ごと実施	特化則第 36 条の３の２第４項第１号 令和４年厚生労働省告示第 341 号など
フィットテストの実施	告示に定める方法により装着状況を確認	フィットテスト結果の記録と３年間保存 １年以内ごと実施	特化則第 36 条の３の２第４項第２号など
保護具着用管理責任者の選任	呼吸用保護具に関し、 ・実施事項の管理 ・作業主任者の指導 ・保守管理	氏名の掲示等	特化則第 36 条の３の２第４項第３号など
措置状況届	第三管理区分に対する措置を講じたときは、所定様式にて所轄労働基準監督署長に提出する。	法令様式の備考に掲げる書面の準備	特化則第 36 条の３の３など

作業環境測定の結果の評価が第三管理区分となり、作業環境の改善が困難と判断した場合に、事業者に義務付けられる措置は次のとおりである（図5－5）。

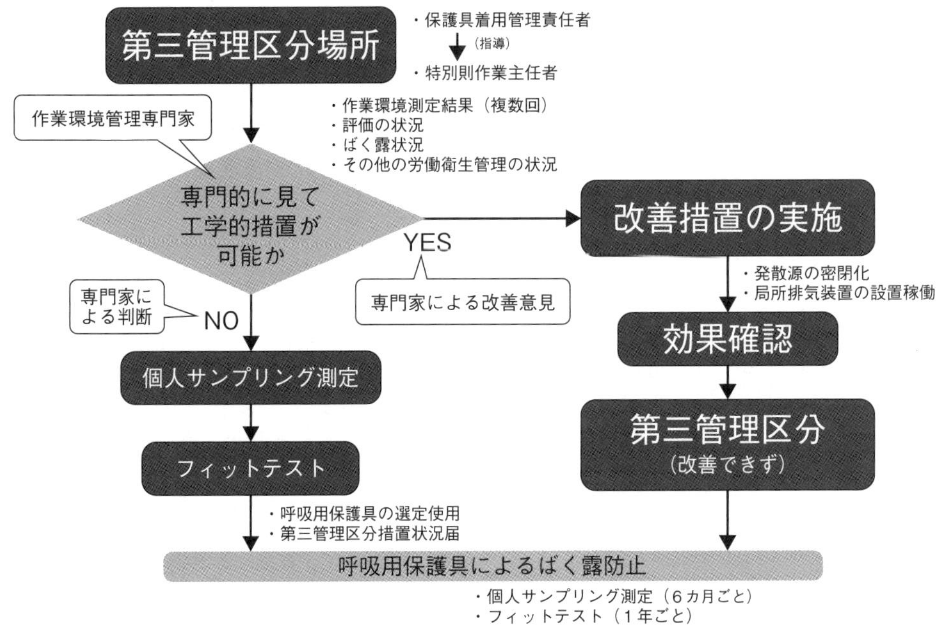

図5－5　第三管理区分の事業場に義務付けられる措置

① その作業場所の作業環境の改善の可否と、改善できる場合の改善方策について、外部の作業環境管理専門家の意見を聴くこと。

② ①の結果、作業場所の作業環境の改善が可能な場合、必要な改善措置を講じ、その効果を確認するための濃度測定を行い、結果を評価すること。

③ ①の結果、作業環境管理専門家が改善困難と判断した場合、または②の濃度測定の結果が第三管理区分に区分された場合は、以下の事項が必要となる。

・個人サンプリング測定等による化学物質の濃度測定を行い、その結果に応じて労働者に有効な呼吸用保護具を使用させること。

・その呼吸用保護具が適切に装着されていることを確認すること。

・保護具着用管理責任者を選任し、濃度測定と呼吸用保護具の適切な着用の確認の管理、作業主任者の職務に対する指導等を担当させること。

・①の作業環境管理専門家の意見の概要と、②の措置と評価の結果を労働者に周知すること。

・これらの措置を講じたときは、遅滞なく措置の内容を所轄労働基準監督署長に届け出ること（図5－6）。

様式第２号の３（第 28 条の３の３関係）（表面）

第三管理区分措置状況届

<table>
<tr><td>事業の種類</td><td colspan="3"></td></tr>
<tr><td>事業場の名称</td><td colspan="3"></td></tr>
<tr><td>事業場の所在地</td><td colspan="3">郵便番号（　　）
電話　　（　　）</td></tr>
<tr><td>労働者数</td><td colspan="3">人</td></tr>
<tr><td>第三管理区分に区分された場所において製造し、又は取り扱う有機溶剤の名称</td><td colspan="3"></td></tr>
<tr><td>第三管理区分に区分された場所における作業の内容</td><td colspan="3"></td></tr>
<tr><td rowspan="5">作業環境管理専門家の意見概要</td><td>所属事業場名</td><td colspan="2"></td></tr>
<tr><td>氏名</td><td colspan="2"></td></tr>
<tr><td>作業環境管理専門家から意見を聴取した日</td><td colspan="2">年　月　日</td></tr>
<tr><td rowspan="2">意見概要</td><td>第一管理区分又は第二管理区分とすることの可否</td><td>可　・　否</td></tr>
<tr><td colspan="2">可の場合、必要な措置の概要</td></tr>
<tr><td>呼吸用保護具等の状況</td><td colspan="3">有効な呼吸用保護具の使用　有・無
保護具着用管理責任者の選任　有・無
作業環境管理専門家意見等の労働者への周知　有・無</td></tr>
</table>

年　月　日

事業者職氏名

労働基準監督署長殿

様式第２号の３（第 28 条の３の３関係）（裏面）

備考

1 「事業の種類」の欄は、日本標準産業分類の中分類により記入すること。

2 次に掲げる書面を添付すること。

① 意見を聴取した作業環境管理専門家が、有機溶剤中毒予防規則第 28 条の３の２第１項に規定する事業場における作業環境の管理について必要な能力を有する者であることを証する書面の写し

② 作業環境管理専門家から聴取した意見の内容を明らかにする書面

③ この届出に係る作業環境測定の結果及びその結果に基づく評価の記録の写し

④ 有機溶剤中毒予防規則第 28 条の３の２第４項第１号に規定する個人サンプリング測定等の結果の記録の写し

⑤ 有機溶剤中毒予防規則第 28 条の３の２第４項第２号に規定する呼吸用保護具が適切に装着されていることを確認した結果の記録の写し

図５－６　第三管理区分措置状況届（有機則）

なお、作業場所の作業環境測定の結果の評価の結果が第三管理区分から第一管理区分または第二管理区分に改善するまでの間､次の措置についても講ずる必要がある。

④　６カ月以内ごとに１回、定期に、個人サンプリング法等による化学物質の濃度測定を行い、その結果に応じて労働者に有効な呼吸用保護具を使用させること。測定および評価結果はその都度記録し、３年間保存すること。

⑤　１年以内ごとに１回、定期に、呼吸用保護具が適切に装着されていることを確認（フィットテスト）すること。

◆第 6 編◆

保護具の使用方法等の実技

第１章

保護具の使用方法等の実技

ここでは、事業場において保護具に関する実技教育を行うに当たり、理解させるべき重要と思われるポイントを紹介する。このうちから実際に行われる作業状況に応じて、必要なものに重点をおいて実施すればよい。研修事業者が公募により行う教育研修においては、複数の業種から各種作業をカバーする必要があるから、偏りなく実施すべきである。

実技教育において使用する労働衛生保護具の例を、**表６－１**に示す。

表６－１　実技教育において使用する労働衛生保護具の例

種類	保護具	使用目的	補足説明
防じんマスク	使い捨て式防じんマスク	各人に配布し、着脱訓練を行う。シールチェック（陽圧法）を行う。	一律配布の場合は、多様な顔型にフィットするものを選定する。
防毒マスク	直結式小型防毒マスク	数人ごとに１つ、分解して弁の点検を行う。	半面形、有機ガス用、軽量小型の汎用品を用意する。
電動ファン付き呼吸用保護具	P-PAPR または G-PAPR	デモ用。ファンの回転で陽圧になることを示す。	半面形面体を有する呼吸追随型。
保護眼鏡	スペクタクル形 ゴグル形	デモ用。試用してもらう。	軽くて装着感のよいもの。 JIS T8147 に適合するもの。 JIS T8116 または ASTM F739 に適合するもの。
保護手袋（単品）	ウレタン製 ブチルゴム製 フッ素ゴム製 PVA 製 EVOH 製または LLDPE 製	デモ用。試用してもらう。	特性、入手方法、価格帯などを示す。
保護手袋（箱入り）	ニトリルゴム製またはニトリル・ネオプレンゴム製	各人に配布し、装着感を確認させる。着脱訓練を行う。	JIS T 8116 または ASTM F739 に適合するもの。複数の大きさを揃える。 特性、入手方法、価格帯などを示す。
防護服	タイプ５（粉じん防護用） タイプ３（液体防護用）	デモ用。手で触り２つの素材の違いを感じてもらう。	JIS T8115に適合するもの。

1．呼吸用保護具

(1) 適正な選択に必要な実物と特性の理解

多くの種類のうち、汎用性が高い（市場規模が大きく手に取る機会が多い）使い捨て式防じんマスクと直結式小型防毒マスクを優先する。電動ファン付き呼吸用保護具についても、ファンの稼働状況などを見せて、指定防護係数が大きいことの理由を理解させるとよい。

使い捨て式防じんマスクは、各人に配布し、着脱訓練のために使用するが、あまり安価なものは、接顔面のフィット感がよくないことがあり、シールチェックをしてもうまくいかないことがあるので、１種類を選定する場合は、多くの受講者の顔型にフィットするものを選ぶ。

各種保護具に関し、入手先、市場価格、交換部品の状況などは重要な情報である。実物を手に取りながら説明すると、理解につながりやすい。

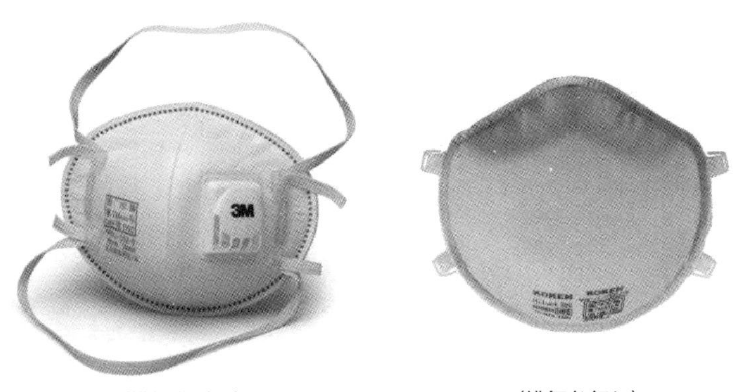

（排気弁付き）　（排気弁無し）

写真６－１　使い捨て式防じんマスクの例

(2) 構造の理解と保守管理

軽量の直結式小型防毒マスクを（数人ごとに）配布し、分解して弁の構造などを理解させる。特に、排気弁が外気と直接接すること、弁座との接触状況、弁、しめひも、吸収缶が容易に交換できることなどを実感してもらう。

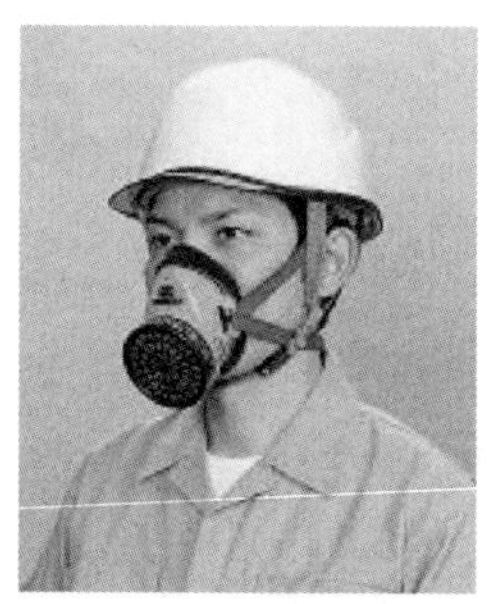

写真６－２　防毒マスク（直結式小型・半面形）の例

(3) 防毒マスクの破過の計算

有害ガスの種類と濃度により、破過時間が大きく異なることを理解させるため、試験ガスによる破過曲線図、相対破過比のデータを配布し、トルエン、アセトン、ジクロロメタンなどで破過時間を推定させる。理解度が高い場合は、混合溶剤の場合の見積りをさせてもよい。

図６－１は、混合物の破過時間を推定し、吸収缶の交換時期を決定するプロセスの例である。

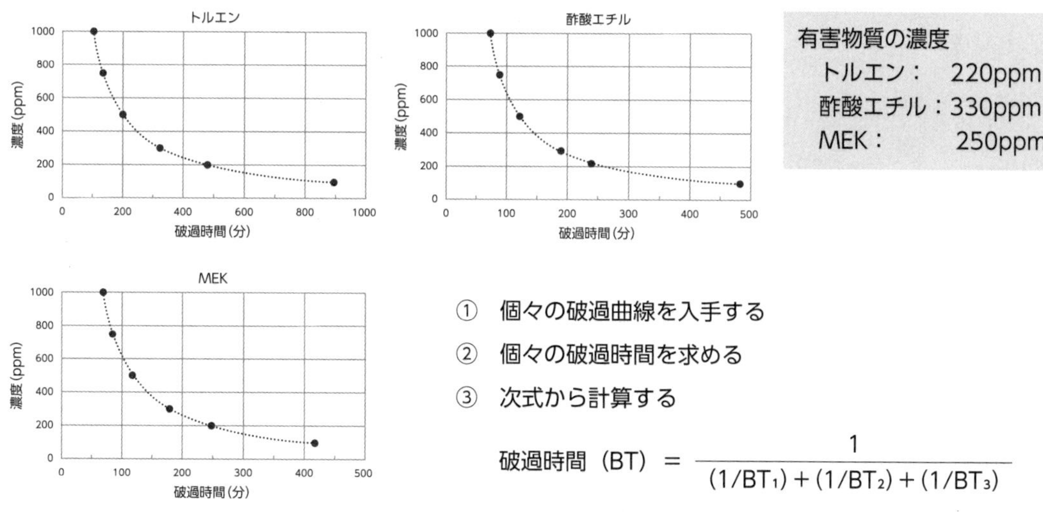

図６－１　混合成分の破過時間推定

(4) その他

第三管理区分場所について、呼吸用保護具によりばく露防止措置を講ずるためには、個人サンプリング法などで労働者の呼吸域の濃度を把握した上で、所定の防護性能をもつ呼吸用保護具を選択する必要がある。そのため、第三管理区分場所への対応が必要な教育研修の対象者に対しては、課題として、呼吸域の濃度を与えて要求防護係数を計算し、それに適合する指定防護係数を有する呼吸用保護具を選定させてもよい。

また、その際に必要となるフィットテストについても、簡単な実演をすることができるようなら、短時間でも概要を紹介するとよい。ただし、正式な教育カリキュラムが厚生労働省から示されており、ここではあくまでデモにとどめる。

2. 保護眼鏡

万一の事態に備えて、長時間にわたり装着するタイプの保護具であることを理解させる。視力矯正用眼鏡を着用した上から、スペクタクル形の保護眼鏡を着用させたり、防じんマスクと併用して、鼻部の干渉などを経験させるとなおよい。

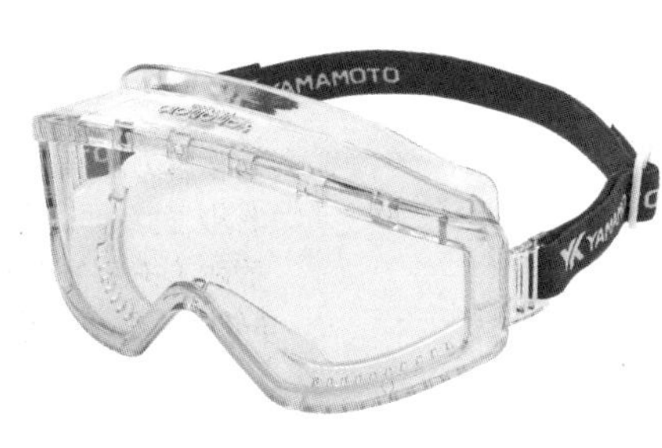

ゴグル形の例

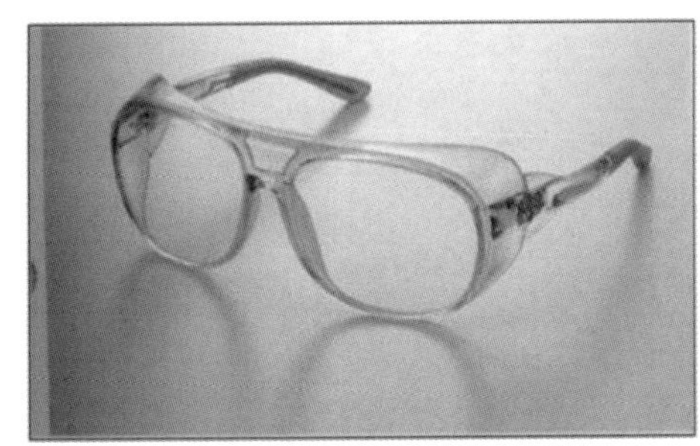

スペクタクル形の例

写真６－３　保護眼鏡

3. 保護手袋

化学防護手袋にはさまざまな種類があるので、できるだけ手に取り装着感なども比較してもらう。製品の包装には、耐薬品性能や主要物質に対する耐透過時間などが記されていることも多いので、あらかじめ確認しておく。

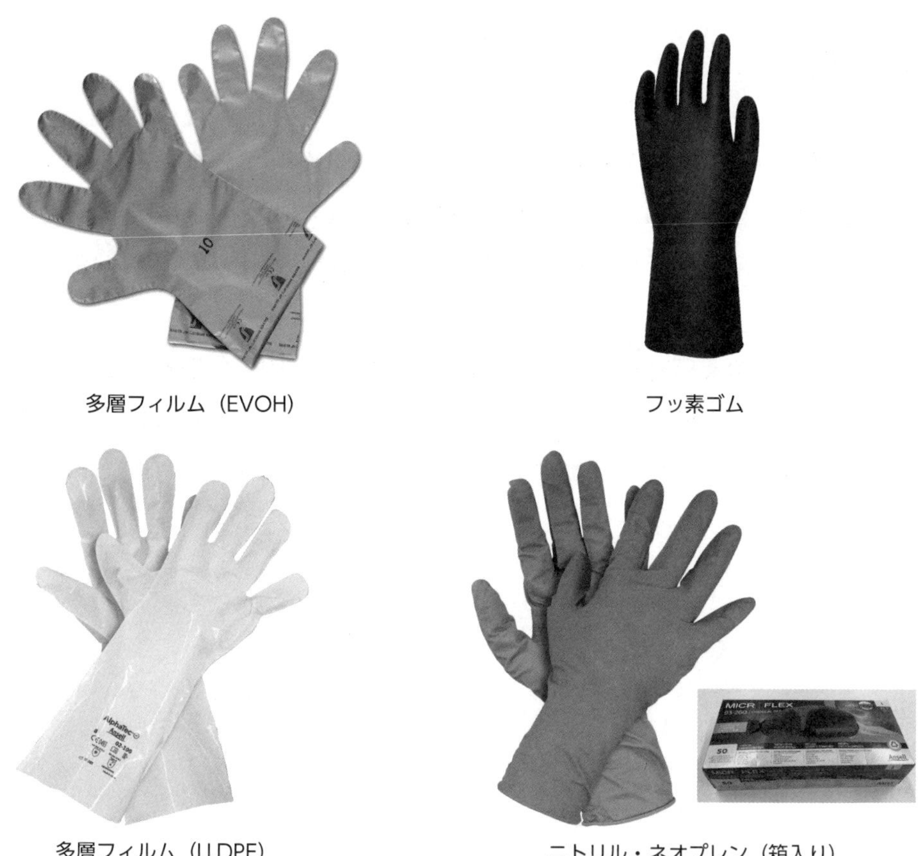

多層フィルム（EVOH）　フッ素ゴム

多層フィルム（LLDPE）　ニトリル・ネオプレン（箱入り）

写真６－４　保護手袋の例

箱入りの汎用品についても、JIS T 8116 または ASTM F739 の規格適合品を少なくとも１つ用意し、各人に配布する。装着感を確認した上で、着脱訓練を行う。手袋表面が汚染したことを想定し、汚染面に触れないような外し方を習得させる。保護具メーカーが公表している動画の利用もよい。

ピンホールがないことを確認する手法を例示してもよいが、微小なピンホールの発見は困難であることに触れておく。

保護手袋各種について、入手先や市場価格について、可能な限り情報提供する。保護手袋は、使用可能時間が短いため、１カ月当たりの費用の目安は、保護手袋選定において特に必要である。

4. 防護服

粉じん防護用（JIS T 8115タイプ5）と、液体防護用（タイプ3）とを用意し、2つの素材の特性を比較する。特に、液体防護用については、有機溶剤蒸気を防護するためのファスナー部の構造についても説明する。保護手袋との継ぎ目のテーピングについても触れる。

通気性が犠牲になることに関連し、「職場における熱中症予防基本対策要綱」（令和3年4月20日付け基発0420第3号）に規定するWBGT値に加えるべき着衣補正値についても触れるとよい。前掛けタイプなど、通気性のよいタイプもあればなおよい。

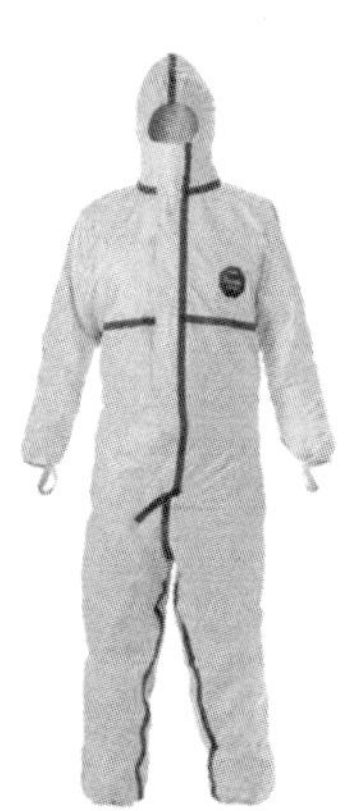

タイプ５（粉じん防護用）

タイプ３（有機溶剤防護用）

写真６－５　防護服の例

◆附録◆

附録 1　防じんマスク、防毒マスク及び電動ファン付き呼吸用保護具の選択、使用等について（令和 5 年 5 月 25 日付け基発 0525 第 3 号）

附録 2　化学防護手袋の選択、使用等について
（平成 29 年 1 月 12 日付け基発 0112 第 6 号）

附録 3　皮膚等障害化学物質等に該当する化学物質について
（令和 5 年 7 月 4 日付け基発 0704 第 1 号、令和 5 年 11 月 9 日一部改正）

附録 4　保護具着用管理責任者に対する教育の実施について
（令和 4 年 12 月 26 日付け基安化発 1226 第 1 号）

附録 5　厚生労働省リーフレット　皮膚障害等防止用保護具の選定マニュアル（概要）

附録 6　関係資料一覧

【附録 1】

防じんマスク、防毒マスク及び電動ファン付き呼吸用保護具の選択、使用等について

（令和 5 年 5 月 25 日付け基発 0525 第 3 号）

標記について、これまで防じんマスク、防毒マスク等の呼吸用保護具を使用する労働者の健康障害を防止するため、「防じんマスクの選択、使用等について」（平成 17 年 2 月 7 日付け基発第 0207006 号。以下「防じんマスク通達」という。）及び「防毒マスクの選択、使用等について」（平成 17 年 2 月 7 日付け基発第 0207007 号。以下「防毒マスク通達」という。）により、その適切な選択、使用、保守管理等に当たって留意すべき事項を示してきたところである。

今般、労働安全衛生規則等の一部を改正する省令（令和 4 年厚生労働省令第 91 号。以下「改正省令」という。）等により、新たな化学物質管理が導入されたことに伴い、呼吸用保護具の選択、使用等に当たっての留意事項を下記のとおり定めたので、関係事業場に対して周知を図るとともに、事業場の指導に当たって遺漏なきを期されたい。

なお、防じんマスク通達及び防毒マスク通達は、本通達をもって廃止する。

記

第 1　共通事項

1　趣旨等

改正省令による改正後の労働安全衛生規則（昭和 47 年労働省令第 32 号。以下「安衛則」という。）第 577 条の 2 第 1 項において、事業者に対し、リスクアセスメントの結果等に基づき、代替物の使用、発散源を密閉する設備、局所排気装置又は全体換気装置の設置及び稼働、作業の方法の改善、有効な呼吸用保護具を使用させること等必要な措置を講ずることにより、リスクアセスメント対象物に労働者がばく露される程度を最小限度にすることが義務付けられた。さらに、同条第 2 項において、厚生労働大臣が定めるものを製造し、又は取り扱う業務を行う屋内作業場においては、労働者がこれらの物にばく露される程度を、厚生労働大臣が定める濃度の基準（以下「濃度基準値」という。）以下とすることが事業者に義務付けられた。

これらを踏まえ、化学物質による健康障害防止のための濃度の基準の適用等に関する技術上の指針（令和 5 年 4 月 27 日付け技術上の指針第 24 号。以下「技術上の指針」という。）が定められ、化学物質等による危険性又は有害性等の調査等に関する指針（平成 27 年 9 月 18 日付け危険性又は有害性等の調査等に関する指針公示第 3 号。以下「化学物質リスクアセスメント指針」という。）と相まって、リスクアセスメント及びその結果に基づく必要な措置のために実施すべき事項が規定されている。

本指針は、化学物質リスクアセスメント指針及び技術上の指針で定めるリスク低減措置として呼吸用保護具を使用する場合に、その適切な選択、使用、保守管理等に当たって留意すべき事項を示したものである。

2　基本的考え方

(1)　事業者は、化学物質リスクアセスメント指針に規定されているように、危険性又は有害性の低い物質への代替、工学的対策、管理的対策、有効な保護具の使用という優先順位に従い、対策を検討し、労働者のばく露の程度を濃度基準値以下とすることを含めたリスク低減措置を実施すること。その際、保護具については、適切に選択され、使用されなければ効果を発揮しないことを踏まえ、本質安全化、

工学的対策等の信頼性と比較し、最も低い優先順位が設定されていることに留意すること。

(2) 事業者は、労働者の呼吸域における物質の濃度が、保護具の使用を除くリスク低減措置を講じてもなお、当該物質の濃度基準値を超えること等、リスクが高い場合、有効な呼吸用保護具を選択し、労働者に適切に使用させること。その際、事業者は、呼吸用保護具の選択及び使用が適切に実施されなければ、所期の性能が発揮されないことに留意し、呼吸用保護具が適切に選択及び使用されているかの確認を行うこと。

3 管理体制等

(1) 事業者は、リスクアセスメントの結果に基づく措置として、労働者に呼吸用保護具を使用させるときは、保護具に関して必要な教育を受けた保護具着用管理責任者（安衛則第12条の6第1項に規定する保護具着用管理責任者をいう。以下同じ。）を選任し、次に掲げる事項を管理させなければならないこと。

ア 呼吸用保護具の適正な選択に関すること

イ 労働者の呼吸用保護具の適正な使用に関すること

ウ 呼吸用保護具の保守管理に関すること

エ 改正省令による改正後の特定化学物質障害予防規則（昭和47年労働省令第39号。以下「特化則」という。）第36条の3の2第4項等で規定する第三管理区分に区分された場所（以下「第三管理区分場所」という。）における、同項第1号及び第2号並びに同条第5項第1号から第3号までに掲げる措置のうち、呼吸用保護具に関すること

オ 第三管理区分場所における特定化学物質作業主任者の職務（呼吸用保護具に関する事項に限る。）について必要な指導を行うこと

(2) 事業者は、化学物質管理者の管理の下、保護具着用管理責任者に、呼吸用保護具を着用する労働者に対して、作業環境中の有害物質の種類、発散状況、濃度、作業時のばく露の危険性の程度等について教育を行わせること。また、事業者は、保護具着用管理責任者に、各労働者が着用する呼吸用保護具の取扱説明書、ガイドブック、パンフレット等（以下「取扱説明書等」という。）に基づき、適正な装着方法、使用方法及び顔面と面体の密着性の確認方法について十分な教育や訓練を行わせること。

(3) 事業者は、保護具着用管理責任者に、安衛則第577条の2第11項に基づく有害物質のばく露の状況の記録を把握させ、ばく露の状況を踏まえた呼吸用保護具の適正な保守管理を行わせること。

4 呼吸用保護具の選択

(1) 呼吸用保護具の種類の選択

ア 事業者は、あらかじめ作業場所に酸素欠乏のおそれがないことを労働者等に確認させること。酸素欠乏又はそのおそれがある場所及び有害物質の濃度が不明な場所ではろ過式呼吸用保護具を使用させてはならないこと。酸素欠乏のおそれがある場所では、日本産業規格T 8150「呼吸用保護具の選択、使用及び保守管理方法」（以下「JIS T 8150」という。）を参照し、指定防護係数が1000以上の全面形面体を有する、別表2及び別表3に記載している循環式呼吸器、空気呼吸器、エアラインマスク及びホースマスク（以下「給気式呼吸用保護具」という。）の中か

ら有効なものを選択すること。

イ　防じんマスク及び防じん機能を有する電動ファン付き呼吸用保護具（以下「P-PAPR」という。）は、酸素濃度18％以上の場所であっても、有害なガス及び蒸気（以下「有毒ガス等」という。）が存在する場所においては使用しないこと。このような場所では、防毒マスク、防毒機能を有する電動ファン付き呼吸用保護具（以下「G-PAPR」という。）又は給気式呼吸用保護具を使用すること。粉じん作業であっても、他の作業の影響等によって有毒ガス等が流入するような場合には、改めて作業場の作業環境の評価を行い、適切な防じん機能を有する防毒マスク、防じん機能を有するG-PAPR又は給気式呼吸用保護具を使用すること。

ウ　安衛則第280条第1項において、引火性の物の蒸気又は可燃性ガスが爆発の危険のある濃度に達するおそれのある箇所において電気機械器具（電動機、変圧器、コード接続器、開閉器、分電盤、配電盤等電気を通ずる機械、器具その他の設備のうち配線及び移動電線以外のものをいう。以下同じ。）を使用するときは、当該蒸気又はガスに対しその種類及び爆発の危険のある濃度に達するおそれに応じた防爆性能を有する防爆構造電気機械器具でなければ使用してはならない旨規定されており、非防爆タイプの電動ファン付き呼吸用保護具を使用してはならないこと。また、引火性の物には、常温以下でも危険となる物があることに留意すること。

エ　安衛則第281条第1項又は第282条第1項において、それぞれ可燃性の粉じん（マグネシウム粉、アルミニウム粉等爆燃性の粉じんを除く。）又は爆燃性の粉じんが存在して爆発の危険のある濃度に達するおそれのある箇所及び爆発の危険のある場所で電気機械器具を使用するときは、当該粉じんに対し防爆性能を有する防爆構造電気機械器具でなければ使用してはならない旨規定されており、非防爆タイプの電動ファン付き呼吸用保護具を使用してはならないこと。

(2)　要求防護係数を上回る指定防護係数を有する呼吸用保護具の選択

ア　金属アーク等溶接作業を行う事業場においては、「金属アーク溶接等作業を継続して行う屋内作業場に係る溶接ヒュームの濃度の測定の方法等」（令和2年厚生労働省告示第286号。以下「アーク溶接告示」という。）で定める方法により、第三管理区分場所においては、「第三管理区分に区分された場所に係る有機溶剤等の濃度の測定の方法等」（令和4年厚生労働省告示第341号。以下「第三管理区分場所告示」という。）に定める方法により濃度の測定を行い、その結果に基づき算出された要求防護係数を上回る指定防護係数を有する呼吸用保護具を使用しなければならないこと。

イ　濃度基準値が設定されている物質については、技術上の指針の3から6に示した方法により測定した当該物質の濃度を用い、技術上の指針の7-3に定める方法により算出された要求防護係数を上回る指定防護係数を有する呼吸用保護具を選択すること。

ウ　濃度基準値又は管理濃度が設定されていない物質で、化学物質の評価機関によりばく露限界の設定がなされている物質については、原則として、技術上の指針の2-1（3）及び2-2に定めるリスクアセスメントのための測定を行い、技術上の指針の5-1（2）アで定める８時間時間加重平均値を８時間時間加重平均のばく露限界（TWA）と比較し、技術上の指針の5-1（2）イで定める１５分間時間加重平均値を短時間ばく露限界値（STEL）と比較し、別紙１の計算式によって要求防護係数を求めること。

さらに、求めた要求防護係数と別表１から別表３までに記載された指定防護係数を比較し、要求防護係数より大きな値の指定防護係数を有する呼吸用保護具を選択すること。

エ　有害物質の濃度基準値やばく露限界に関する情報がない場合は、化学物質管理者、化学物質管理専門家をはじめ、労働衛生に関する専門家に相談し、適切な指定防護係数を有する呼吸用保護具を選択すること。

(3)　法令に保護具の種類が規定されている場合の留意事項

安衛則第592条の5、有機溶剤中毒予防規則（昭和47年労働省令第36号。以下「有機則」という。）第33条、鉛中毒予防規則（昭和47年労働省令第37号。以下「鉛則」という。）第58条、四アルキル鉛中毒予防規則（昭和47年労働省令第38号。以下「四アルキル鉛則」という。）第４条、特化則第38条の13及び第43条、電離放射線障害防止規則（昭和47年労働省令第41号。以下「電離則」という。）第38条並びに粉じん障害防止規則（昭和54年労働省令第18号。以下「粉じん則」という。）第27条のほか労働安全衛生法令に定める防じんマスク、防毒マスク、P-PAPR又はG-PAPRについては、法令に定める有効な性能を有するものを労働者に使用させなければならないこと。なお、法令上、呼吸用保護具のろ過材の種類等が指定されているものについては、別表５を参照すること。

なお、別表５中の金属のヒューム（溶接ヒュームを含む。）及び鉛については、化学物質としての有害性に着目した基準値により要求防護係数が算出されることとなるが、これら物質については、粉じんとしての有害性も配慮すべきことから、算出された要求防護係数の値にかかわらず、ろ過材の種類をRS2、RL2、DS2、DL2以上のものとしている趣旨であること。

(4)　呼吸用保護具の選択に当たって留意すべき事項

ア　事業者は、有害物質を直接取り扱う作業者について、作業環境中の有害物質の種類、作業内容、有害物質の発散状況、作業時のばく露の危険性の程度等を考慮した上で、必要に応じ呼吸用保護具を選択、使用等させること。

イ　事業者は、防護性能に関係する事項以外の要素（着用者、作業、作業強度、環境等）についても考慮して呼吸用保護具を選択させること。なお、呼吸用保護具を着用しての作業は、通常より身体に負荷がかかることから、着用者によっては、呼吸用保護具着用による心肺機能への影響、閉所恐怖症、面体との接触による皮膚炎、腰痛等の筋骨格系障害等を生ずる可能性がないか、産業医等に確認すること。

ウ　事業者は、保護具着用管理責任者に、呼吸用保護具の選択に際して、目の保護が必要な場合は、全面形面体又はルーズフィット形呼吸用インタフェースの使用が望ましいことに留意させること。

エ　事業者は、保護具着用管理責任者に、作業において、事前の計画どおりの呼吸用保護具が使用されているか、着用方法が適切か等について確認させること。

オ　作業者は、事業者、保護具着用管理責任者等から呼吸用保護具着用の指示が出たら、それに従うこと。また、作業中に臭気、息苦しさ等の異常を感じたら、速やかに作業を中止し避難するとともに、状況を保護具着用管理責任者等に報告すること。

5　呼吸用保護具の適切な装着

(1)　フィットテストの実施

金属アーク溶接等作業を行う作業場所においては、アーク溶接告示で定める方法により、第三管理区分場所においては、第三管理区分場所告示に定める方法により、1年以内ごとに1回、定期に、フィットテストを実施しなければならないこと。

上記以外の事業場であって、リスクアセスメントに基づくリスク低減措置として呼吸用保護具を労働者に使用させる事業場においては、技術上の指針の7-4及び次に定めるところにより、1年以内ごとに1回、フィットテストを行うこと。

ア　呼吸用保護具（面体を有するものに限る。）を使用する労働者について、JIS T 8150に定める方法又はこれと同等の方法により当該労働者の顔面と当該呼吸用保護具の面体との密着の程度を示す係数（以下「フィットファクタ」という。）を求め、当該フィットファクタが要求フィットファクタを上回っていることを確認する方法とすること。

イ　フィットファクタは、別紙2により計算するものとすること。

ウ　要求フィットファクタは、別表4に定めるところによること。

(2)　フィットテストの実施に当たっての留意事項

ア　フィットテストは、労働者によって使用される面体がその労働者の顔に密着するものであるか否かを評価する検査であり、労働者の顔に合った面体を選択するための方法（手順は、JIS T 8150を参照。）である。なお、顔との密着性を要求しないルーズフィット形呼吸用インタフェースは対象外である。面体を有する呼吸用保護具は、面体が労働者の顔に密着した状態を維持することによって初めて呼吸用保護具本来の性能が得られることから、フィットテストにより適切な面体を有する呼吸用保護具を選択することは重要であること。

イ　面体を有する呼吸用保護具については、着用する労働者の顔面と面体とが適切に密着していなければ、呼吸用保護具としての本来の性能が得られないこと。特に、着用者の吸気時に面体内圧が陰圧（すなわち、大気圧より低い状態）になる防じんマスク及び防毒マスクは、着用する労働者の顔面と面体とが適切に密着していない場合は、粉じんや有毒ガス等が面体の接顔部から面体内へ漏れ込むことになる。また、通常の着用状態であれば面体内圧が常に陽圧（すなわち、大気圧より高い状態）になる面体形の電動ファン付き呼吸用保護具であっても、着用する労働者の顔面と面体とが適切に密着していない場合は、多量の空気を使用することになり、連続稼働時間が短くなり、場合によっては本来の防護性能が得られない場合もある。

ウ　面体については、フィットテストによって、着用する労働者の顔面に合った形状及び寸法の接顔部を有するものを選択及び使用し、面体を着用した直後には、(3) に示す方法又はこれと同等以上の方法によってシールチェック（面体を有する呼吸用保護具を着用した労働者自身が呼吸用保護具の装着状態の密着性を調べる方法。以下同じ。）を行い、各着用者が顔面と面体とが適切に密着しているかを確認すること。

エ　着用者の顔面と面体とを適正に密着させるためには、着用時の面体の位置、しめひもの位置及び締め方等を適切にさせることが必要であり、特にしめひもについては、耳にかけることなく、後頭部において固定させることが必要であり、加えて、次の①、②、③のような着用を行わせないことに留意すること。

① 面体と顔の間にタオル等を挟んで使用すること。

② 着用者のひげ、もみあげ、前髪等が面体の接顔部と顔面の間に入り込む、排気弁の作動を妨害する等の状態で使用すること。

③ ヘルメットの上からしめひもを使用すること。

オ　フィットテストは、定期に実施するほか、面体を有する呼吸用保護具を選択するとき又は面体の密着性に影響すると思われる顔の変形（例えば、顔の手術などで皮膚にくぼみができる等）があったときに、実施することが望ましいこと。

カ　フィットテストは、個々の労働者と当該労働者が使用する面体又はこの面体と少なくとも接顔部の形状、サイズ及び材質が同じ面体との組合せで行うこと。合格した場合は、フィットテストと同じ型式、かつ、同じ寸法の面体を労働者に使用させ、不合格だった場合は、同じ型式であって寸法が異なる面体若しくは異なる型式の面体を選択すること又はルーズフィット形呼吸用インタフェースを有する呼吸用保護具を使用すること等について検討する必要があること。

(3) シールチェックの実施

シールチェックは、ろ過式呼吸用保護具（電動ファン付き呼吸用保護具については、面体形のみ）の取扱説明書に記載されている内容に従って行うこと。シールチェックの主な方法には、陰圧法と陽圧法があり、それぞれ次のとおりであること。なお、ア及びイに記載した方法とは別に、作業場等に備え付けた簡易機器等によって、簡易に密着性を確認する方法（例えば、大気じんを利用する機器、面体内圧の変動を調べる機器等）がある。

ア　陰圧法によるシールチェック

面体を顔面に押しつけないように、フィットチェッカー等を用いて吸気口をふさぐ（連結管を有する場合は、連結管の吸気口をふさぐ又は連結管を握って閉塞させる）。息をゆっくり吸って、面体の顔面部と顔面との間から空気が面体内に流入せず、面体が顔面に吸いつけられることを確認する。

イ　陽圧法によるシールチェック

面体を顔面に押しつけないように、フィットチェッカー等を用いて排気口をふさぐ。息を吐いて、空気が面体内から流出せず、面体内に呼気が滞留することによって面体が膨張することを確認する。

6　**電動ファン付き呼吸用保護具の故障時等の措置**

(1)　電動ファン付き呼吸用保護具に付属する警報装置が警報を発したら、速やかに安全な場所に移動すること。警報装置には、ろ過材の目詰まり、電池の消耗等による風量低下を警報するもの、電池の電圧低下を警報するもの、面体形のものにあっては、面体内圧が陰圧に近づいていること又は達したことを警報するもの等があること。警報装置が警報を発した場合は、新しいろ過材若しくは吸収缶又は充電された電池との交換を行うこと。

(2)　電動ファン付き呼吸用保護具が故障し、電動ファンが停止した場合は、速やかに退避すること。

第2　防じんマスク及びP-PAPRの選択及び使用に当たっての留意事項

1　防じんマスク及びP-PAPRの選択

(1)　防じんマスク及びP-PAPRは、機械等検定規則(昭和47年労働省令第45号。以下「検定則」という。）第14条の規定に基づき付されている型式検定合格標章により、型式検定合格品であることを確認すること。なお、吸気補助具付き防じんマスクについては、検定則に定める型式検定合格標章に「補」が記載されている。

また、吸気補助具が分離できるもの等、2箇所に型式検定合格標章が付されている場合は、型式検定合格番号が同一となる組合せが適切な組合せであり、当該組合せで使用して初めて型式検定に合格した防じんマスクとして有効に機能するものであること。

(2)　安衛則第592条の5、鉛則第58条、特化則第43条、電離則第38条及び粉じん則第27条のほか労働安全衛生法令に定める呼吸用保護具のうちP-PAPRについては、粉じん等の種類及び作業内容に応じ、令和5年厚生労働省告示第88号による改正後の電動ファン付き呼吸用保護具の規格（平成26年厚生労働省告示第455号。以下「改正規格」という。）第2条第4項及び第5項のいずれかの区分に該当するものを使用すること。

(3)　防じんマスクを選択する際は、次の事項について留意の上、防じんマスクの性能等が記載されている取扱説明書等を参考に、それぞれの作業に適した防じんマスクを選択すること。

ア　粉じん等の有害性が高い場合又は高濃度ばく露のおそれがある場合は、できるだけ粒子捕集効率が高いものであること。

イ　粉じん等とオイルミストが混在する場合には、区分がLタイプ（RL3、RL2、RL1、DL3、DL2及びDL1）の防じんマスクであること。

ウ　作業内容、作業強度等を考慮し、防じんマスクの重量、吸気抵抗、排気抵抗等が当該作業に適したものであること。特に、作業強度が高い場合にあっては、P-PAPR、送気マスク等、吸気抵抗及び排気抵抗の問題がない形式の呼吸用保護具の使用を検討すること。

(4)　P-PAPRを選択する際は、次の事項について留意の上、P-PAPRの性能が記載されている取扱説明書等を参考に、それぞれの作業に適したP-PAPRを選択すること。

ア　粉じん等の種類及び作業内容の区分並びにオイルミスト等の混在の有無の区分のうち、複数の性能のP-PAPRを使用することが可能（別表5参照）

であっても、作業環境中の粉じん等の種類、作業内容、粉じん等の発散状況、作業時のばく露の危険性の程度等を考慮した上で、適切なものを選択すること。

イ　粉じん等とオイルミストが混在する場合には、区分がLタイプ（PL3、PL2及びPL1）のろ過材を選択すること。

ウ　着用者の作業中の呼吸量に留意して、「大風量形」又は「通常風量形」を選択すること。

エ　粉じん等に対して有効な防護性能を有するものの範囲で、作業内容を考慮して、呼吸用インタフェース（全面形面体、半面形面体、フード又はフェイスシールド）について適するものを選択すること。

2　防じんマスク及びP-PAPRの使用

(1)　ろ過材の交換時期については、次の事項に留意すること。

ア　ろ過材を有効に使用できる時間は、作業環境中の粉じん等の種類、粒径、発散状況、濃度等の影響を受けるため、これらの要因を考慮して設定する必要があること。なお、吸気抵抗上昇値が高いものほど目詰まりが早く、短時間で息苦しくなる場合があるので、作業時間を考慮すること。

イ　防じんマスク又はP-PAPRの使用中に息苦しさを感じた場合には、ろ過材を交換すること。オイルミストを捕集した場合は、固体粒子の場合とは異なり、ほとんど吸気抵抗上昇がない。ろ過材の種類によっては、多量のオイルミストを捕集すると、粒子捕集効率が低下するものもあるので、製造者の情報に基づいてろ過材の交換時期を設定すること。

ウ　砒（ひ）素、クロム等の有害性が高い粉じん等に対して使用したろ過材は、1回使用するごとに廃棄すること。また、石綿、インジウム等を取り扱う作業で使用したろ過材は、そのまま作業場から持ち出すことが禁止されているので、1回使用するごとに廃棄すること。

エ　使い捨て式防じんマスクにあっては、当該マスクに表示されている使用限度時間に達する前であっても、息苦しさを感じる場合、又は著しい型くずれを生じた場合には、これを廃棄し、新しいものと交換すること。

(2)　粉じん則第27条では、ずい道工事における呼吸用保護具の使用が義務付けられている作業が決められており、P-PAPRの使用が想定される場合もある。しかし、「雷管取扱作業」を含む坑内作業でのP-PAPRの使用は、漏電等による爆発の危険がある。このような場合は爆発を防止するために防じんマスクを使用する必要があるが、面体形のP-PAPRは電動ファンが停止しても防じんマスクと同等以上の防じん機能を有することから、「雷管取扱作業」を開始する前に安全な場所で電池を取り外すことで、使用しても差し支えないこと（平成26年11月28日付け基発1128第12号「電動ファン付き呼吸用保護具の規格の適用等について」）とされていること。

第3　防毒マスク及びG-PAPRの選択及び使用に当たっての留意事項

1　防毒マスク及びG-PAPRの選択及び使用

(1)　防毒マスクは、検定則第14条の規定に基づき、吸収缶（ハロゲンガス用、有機ガス用、一酸化炭素用、アンモニア用及び亜硫酸ガス用のものに限る。）及び面体ごとに付されている型式検定合格標章により、型式検定合格品であることを確認すること。この場合、吸収缶と面体に付される型式検定合格標章は、型式検定合格番号が同一となる組合せが適切な組合せであり、当該組合せで使用して初めて型式検定に合格した防毒マスクとして有効に機能するものであること。ただし、吸収缶については、単独で型式検定を受けることが認められているため、型式検定合格番号が異なっている場合があるため、製品に添付されている取扱説明書により、使用できる組合せであることを確認すること。

なお、ハロゲンガス、有機ガス、一酸化炭素、アンモニア及び亜硫酸ガス以外の有毒ガス等に対しては、当該有毒ガス等に対して有効な吸収缶を使用すること。なお、これらの吸収缶を使用する際は、日本産業規格 T 8152「防毒マスク」に基づいた吸収缶を使用すること又は防毒マスクの製造者、販売業者又は輸入業者（以下「製造者等」という。）に問い合わせること等により、適切な吸収缶を選択する必要があること。

(2)　G-PAPR は、令和5年厚生労働省令第29号による改正後の検定則第14条の規定に基づき、電動ファン、吸収缶（ハロゲンガス用、有機ガス用、アンモニア用及び亜硫酸ガス用のものに限る。）及び面体ごとに付されている型式検定合格標章により、型式検定合格品であることを確認すること。この場合、電動ファン、吸収缶及び面体に付される型式検定合格標章は、型式検定合格番号が同一となる組合せが適切な組合せであり、当該組合せで使用して初めて型式検定に合格した G-PAPR として有効に機能するものであること。

なお、ハロゲンガス、有機ガス、アンモニア及び亜硫酸ガス以外の有毒ガス等に対しては、当該有毒ガス等に対して有効な吸収缶を使用すること。なお、これらの吸収缶を使用する際は、日本産業規格 T 8154「有毒ガス用電動ファン付き呼吸用保護具」に基づいた吸収缶を使用する又は G-PAPR の製造者等に問い合わせるなどにより、適切な吸収缶を選択する必要があること。

(3)　有機則第33条、四アルキル鉛則第2条、特化則第38条の13第1項のほか労働安全衛生法令に定める呼吸用保護具のうち G-PAPR については、粉じん又は有毒ガス等の種類及び作業内容に応じ、改正規格第2条第1項表中の面体形又はルーズフィット形を使用すること。

(4)　防毒マスク及び G-PAPR を選択する際は、次の事項について留意の上、防毒マスクの性能が記載されている取扱説明書等を参考に、それぞれの作業に適した防毒マスク及び G-PAPR を選択すること。

ア　作業環境中の有害物質（防毒マスクの規格（平成2年労働省告示第68号）第1条の表下欄及び改正規格第1条の表下欄に掲げる有害物質をいう。）の種類、濃度及び粉じん等の有無に応じて、面体及び吸収缶の種類を選ぶこと。

イ　作業内容、作業強度等を考慮し、防毒マスクの重量、吸気抵抗、排気抵抗等が当該作業に適したものを選ぶこと。

ウ　防じんマスクの使用が義務付けられている業務であっても、近くで有毒ガス等の発生する作業等の影響によって、有毒ガス等が混在する場合には、改めて作業環境の評価を行い、有効な防じん機能を有する防毒マスク、防じん機能を有するG-PAPR又は給気式呼吸用保護具を使用すること。

エ　吹付け塗装作業等のように、有機溶剤の蒸気と塗料の粒子等の粉じんとが混在している場合については、有効な防じん機能を有する防毒マスク、防じん機能を有するG-PAPR又は給気式呼吸用保護具を使用すること。

オ　有毒ガス等に対して有効な防護性能を有するものの範囲で、作業内容について、呼吸用インタフェース（全面形面体、半面形面体、フード又はフェイスシールド）について適するものを選択すること。

(5)　防毒マスク及びG-PAPRの吸収缶等の選択に当たっては、次に掲げる事項に留意すること。

ア　要求防護係数より大きい指定防護係数を有する防毒マスクがない場合は、必要な指定防護係数を有するG-PAPR又は給気式呼吸用保護具を選択すること。

また、対応する吸収缶の種類がない場合は、第1の4(1)の要求防護係数より高い指定防護係数を有する給気式呼吸用保護具を選択すること。

イ　防毒マスクの規格第2条及び改正規格第2条で規定する使用の範囲内で選択すること。ただし、この濃度は、吸収缶の性能に基づくものであるので、防毒マスク及びG-PAPRとして有効に使用できる濃度は、これより低くなることがあること。

ウ　有毒ガス等と粉じん等が混在する場合は、第2に記載した防じんマスク及びP-PAPRの種類の選択と同様の手順で、有毒ガス等及び粉じん等に適した面体の種類及びろ過材の種類を選択すること。

エ　作業環境中の有毒ガス等の濃度に対して除毒能力に十分な余裕のあるものであること。なお、除毒能力の高低の判断方法としては、防毒マスク、G-PAPR、防毒マスクの吸収缶及びG-PAPRの吸収缶に添付されている破過曲線図から、一定のガス濃度に対する破過時間（吸収缶が除毒能力を喪失するまでの時間。以下同じ。）の長短を比較する方法があること。

例えば、次の図に示す吸収缶A及び吸収缶Bの破過曲線図では、ガス濃度0.04%の場合を比べると、破過時間は吸収缶Aが200分、吸収缶Bが300分となり、吸収缶Aに比べて吸収缶Bの除毒能力が高いことがわかること。

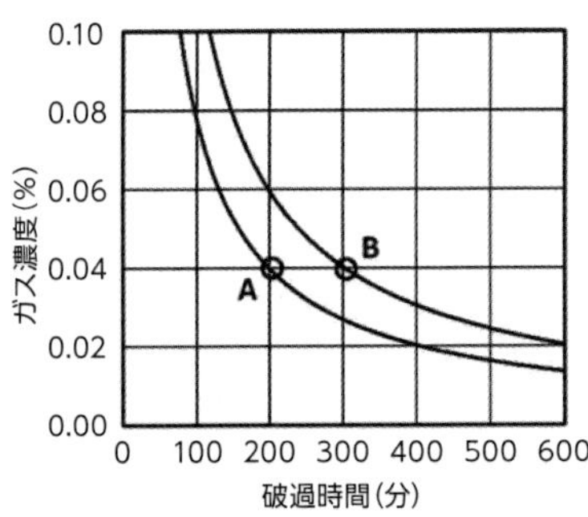

オ　有機ガス用防毒マスク及び有機ガス用G-PAPRの吸収缶は、有機ガスの種類により防毒マスクの規格第7条及び改正規格第7条に規定される除毒能力試験の試験用ガス（シクロヘキサン）と異なる破過時間を示すので、対象物質の破過時間について製造者に問い合わせること。

カ　メタノール、ジクロロメタン、二硫化炭素、アセトン等に対する破過時間は、防毒マスクの規格第７条及び改正規格第７条に規定される除毒能力試験の試験用ガスによる破過時間と比べて著しく短くなるので注意すること。この場合、使用時間の管理を徹底するか、対象物質に適した専用吸収缶について製造者に問い合わせること。

(6) 有毒ガス等が粉じん等と混在している作業環境中では、粉じん等を捕集する防じん機能を有する防毒マスク又は防じん機能を有するG-PAPRを選択すること。その際、次の事項について留意すること。

ア　防じん機能を有する防毒マスク及びG-PAPRの吸収缶は、作業環境中の粉じん等の種類、発散状況、作業時のばく露の危険性の程度等を考慮した上で、適切な区分のものを選ぶこと。なお、作業環境中に粉じん等に混じってオイルミスト等が存在する場合にあっては、試験粒子にフタル酸ジオクチルを用いた粒子捕集効率試験に合格した防じん機能を有する防毒マスク（L3、L2、L1）又は防じん機能を有するG-PAPR（PL3、PL2、PL1）を選ぶこと。また、粒子捕集効率が高いほど、粉じん等をよく捕集できること。

イ　吸収缶の破過時間に加え、捕集する作業環境中の粉じん等の種類、粒径、発散状況及び濃度が使用限度時間に影響するので、これらの要因を考慮して選択すること。なお、防じん機能を有する防毒マスク及び防じん機能を有するG-PAPRの吸収缶の取扱説明書には、吸気抵抗上昇値が記載されているが、これが高いものほど目詰まりが早く、より短時間で息苦しくなることから、使用限度時間は短くなること。

ウ　防じん機能を有する防毒マスク及び防じん機能を有するG-PAPRの吸収缶のろ過材は、一般に粉じん等を捕集するに従って吸気抵抗が高くなるが、防毒マスクのS3、S2又はS1のろ過材（G-PAPRの場合はPL3、PL2、PL1のろ過材）では、オイルミスト等が堆積した場合に吸気抵抗が変化せずに急激に粒子捕集効率が低下するものがあり、また、防毒マスクのL3、L2又はL1のろ過材（G-PAPRの場合はPL3、PL2、PL1のろ過材）では、多量のオイルミスト等の堆積により粒子捕集効率が低下するものがあるので、吸気抵抗の上昇のみを使用限度の判断基準にしないこと。

(7) ２種類以上の有毒ガス等が混在する作業環境中で防毒マスク又はG-PAPRを選択及び使用する場合には、次の事項について留意すること。

①　作業環境中に混在する２種類以上の有毒ガス等についてそれぞれ合格した吸収缶を選定すること。

②　この場合の吸収缶の破過時間は、当該吸収缶の製造者等に問い合わせること。

2　防毒マスク及びG-PAPRの吸収缶

(1) 防毒マスク又はG-PAPRの吸収缶の使用時間については、次の事項に留意すること。

ア　防毒マスク又はG-PAPRの使用時間について、当該防毒マスク又はG-PAPRの取扱説明書等及び破過曲線図、製造者等への照会結果等に基づいて、作業場所における空気中に存在する有毒ガス等の濃度並びに作業場所における温度及び湿度に対して余裕のある使用限度時間をあらかじめ設定し、その設定時間を限度に防毒マスク又はG-PAPRを使用すること。

使用する環境の温度又は湿度によっ

ては、吸収缶の破過時間が短くなる場合があること。例えば、有機ガス用防毒マスクの吸収缶及び有機ガス用G-PAPRの吸収缶は、使用する環境の温度又は湿度が高いほど破過時間が短くなる傾向があり、沸点の低い物質ほど、その傾向が顕著であること。また、一酸化炭素用防毒マスクの吸収缶は、使用する環境の湿度が高いほど破過時間が短くなる傾向にあること。

イ　防毒マスク、G-PAPR、防毒マスクの吸収缶及びG-PAPRの吸収缶に添付されている使用時間記録カード等に、使用した時間を必ず記録し、使用限度時間を超えて使用しないこと。

ウ　着用者の感覚では、有毒ガス等の危険性を感知できないおそれがあるので、吸収缶の破過を知るために、有毒ガス等の臭いに頼るのは、適切ではないこと。

エ　防毒マスク又はG-PAPRの使用中に有毒ガス等の臭気等の異常を感知した場合は、速やかに作業を中止し避難するとともに、状況を保護具着用管理責任者等に報告すること。

オ　一度使用した吸収缶は、破過曲線図、使用時間記録カード等により、十分な除毒能力が残存していることを確認できるものについてのみ、再使用しても差し支えないこと。ただし、メタノール、二硫化炭素等破過時間が試験用ガスの破過時間よりも著しく短い有毒ガス等に対して使用した吸収缶は、吸収缶の吸収剤に吸着された有毒ガス等が時間とともに吸収剤から微量ずつ脱着して面体側に漏れ出してくることがあるため、再使用しないこと。

第４　呼吸用保護具の保守管理上の留意事項

１　呼吸用保護具の保守管理

(1)　事業者は、ろ過式呼吸用保護具の保守管理について、取扱説明書に従って適切に行わせるほか、交換用の部品（ろ過材、吸収缶、電池等）を常時備え付け、適時交換できるようにすること。

(2)　事業者は、呼吸用保護具を常に有効かつ清潔に使用するため、使用前に次の点検を行うこと。

ア　吸気弁、面体、排気弁、しめひも等に破損、亀裂又は著しい変形がないこと。

イ　吸気弁及び排気弁は、弁及び弁座の組合せによって機能するものであることから、これらに粉じん等が付着すると機能が低下することに留意すること。なお、排気弁に粉じん等が付着している場合には、相当の漏れ込みが考えられるので、弁及び弁座を清掃するか、弁を交換すること。

ウ　弁は、弁座に適切に固定されていること。また、排気弁については、密閉状態が保たれていること。

エ　ろ過材及び吸収缶が適切に取り付けられていること。

オ　ろ過材及び吸収缶に水が侵入したり、破損（穴あき等）又は変形がないこと。

カ　ろ過材及び吸収缶から異臭が出ていないこと。

キ　ろ過材が分離できる吸収缶にあっては、ろ過材が適切に取り付けられていること。

ク　未使用の吸収缶にあっては、製造者が指定する保存期限を超えていないこと。また、包装が破損せず気密性が保たれていること。

(3)　ろ過式呼吸用保護具を常に有効かつ清

潔に保持するため、使用後は粉じん等及び湿気の少ない場所で、次の点検を行うこと。

ア　ろ過式呼吸用保護具の破損、亀裂、変形等の状況を点検し、必要に応じ交換すること。

イ　ろ過式呼吸用保護具及びその部品（吸気弁、面体、排気弁、しめひも等）の表面に付着した粉じん、汗、汚れ等を乾燥した布片又は軽く水で湿らせた布片で取り除くこと。なお、著しい汚れがある場合の洗浄方法、電気部品を含む箇所の洗浄の可否等については、製造者の取扱説明書に従うこと。

ウ　ろ過材の使用に当たっては、次に掲げる事項に留意すること。

①　ろ過材に付着した粉じん等を取り除くために、圧搾空気等を吹きかけたり、ろ過材をたたいたりする行為は、ろ過材を破損させるほか、粉じん等を再飛散させることとなるので行わないこと。

②　取扱説明書等に、ろ過材を再使用すること（水洗いして再使用することを含む。）ができる旨が記載されている場合は、再使用する前に粒子捕集効率及び吸気抵抗が当該製品の規格値を満たしていることを、測定装置を用いて確認すること。

⑷　吸収缶に充塡されている活性炭等は吸湿又は乾燥により能力が低下するものが多いため、使用直前まで開封しないこと。また、使用後は上栓及び下栓を閉めて保管すること。栓がないものにあっては、密封できる容器又は袋に入れて保管すること。

⑸　電動ファン付き呼吸用保護具の保守点検に当たっては、次に掲げる事項に留意すること。

ア　使用前に電動ファンの送風量を確認することが指定されている電動ファン付き呼吸用保護具は、製造者が指定する方法によって使用前に送風量を確認すること。

イ　電池の保守管理について、充電式の電池は、電圧警報装置が警報を発する等、製造者が指定する状態になったら、再充電すること。なお、充電式の電池は、繰り返し使用していると使用時間が短くなることを踏まえて、電池の管理を行うこと。

⑹　点検時に次のいずれかに該当する場合には、ろ過式呼吸用保護具の部品を交換し、又はろ過式呼吸用保護具を廃棄すること。

ア　ろ過材については、破損した場合、穴が開いた場合、著しい変形を生じた場合又はあらかじめ設定した使用限度時間に達した場合。

イ　吸収缶については、破損した場合、著しい変形が生じた場合又はあらかじめ設定した使用限度時間に達した場合。

ウ　呼吸用インタフェース、吸気弁、排気弁等については、破損、亀裂若しくは著しい変形を生じた場合又は粘着性が認められた場合。

エ　しめひもについては、破損した場合又は弾性が失われ、伸縮不良の状態が認められた場合。

オ　電動ファン（又は吸気補助具）本体及びその部品（連結管等）については、破損、亀裂又は著しい変形を生じた場合。

カ　充電式の電池については、損傷を負った場合若しくは充電後においても極端に使用時間が短くなった場合又は充電ができなくなった場合。

⑺　点検後、直射日光の当たらない、湿気の少ない清潔な場所に専用の保管場所を設け、管理状況が容易に確認できるように保管すること。保管の際、呼吸用インタフェース、連結管、しめひも等は、積み重ね、折り曲げ等によって、亀裂、変形等の異常を生じないようにすること。

⑻　使用済みのろ過材、吸収缶及び使い捨て式防じんマスクは、付着した粉じんや有毒ガス等が再飛散しないように容器又は袋に詰めた状態で廃棄すること。

第5　製造者等が留意する事項

ろ過式呼吸用保護具の製造者等は、次の事項を実施するよう努めること。

①　ろ過式呼吸用保護具の販売に際し、事業者等に対し、当該呼吸用保護具の選択、使用等に関する情報の提供及びその具体的な指導をすること。

②　ろ過式呼吸用保護具の選択、使用等について、不適切な状態を把握した場合には、これを是正するように、事業者等に対し指導すること。

③　ろ過式呼吸用保護具で各々の規格に適合していないものが認められた場合には、使用する労働者の健康障害防止の観点から、原因究明や再発防止対策と並行して、自主回収やホームページ掲載による周知など必要な対応を行うこと。

別紙1　要求防護係数の求め方

要求防護係数の求め方は、次による。

測定の結果得られた化学物質の濃度がCで、化学物質の濃度基準値（有害物質のばく露限界濃度を含む）が C_0 であるときの要求防護係数（PFr）は、式（1）によって算出される。

$$PFr = \frac{C}{C_0} \cdots\cdots\cdots (1)$$

複数の有害物質が存在する場合で、これらの物質による人体への影響（例えば、ある器官に与える毒性が同じか否か）が不明な場合は、労働衛生に関する専門家に相談すること。

別紙2　フィットファクタの求め方

フィットファクタは、次の式により計算するものとする。

呼吸用保護具の外側の測定対象物の濃度が C_{out} で、呼吸用保護具の内側の測定対象物の濃度が C_{in} であるときのフィットファクタ（FF）は式（2）によって算出される。

$$FF = \frac{C_{out}}{C_{in}} \cdots\cdots\cdots (2)$$

別表１　ろ過式呼吸用保護具の指定防護係数

当該呼吸用保護具の種類					指定防護係数
防じんマスク	取替え式	全面形面体		RS3 又は RL3	50
				RS2 又は RL2	14
				RS1 又は RL1	4
		半面形面体		RS3 又は RL3	10
				RS2 又は RL2	10
				RS1 又は RL1	4
	使い捨て式			DS3 又は DL3	10
				DS2 又は DL2	10
				DS1 又は DL1	4
防毒マスク[a]	全面形面体				50
	半面形面体				10
防じん機能を有する電動ファン付き呼吸用保護具(P-PAPR)	面体形	全面形面体	S 級	PS3 又は PL3	1,000
			A 級	PS2 又は PL2	90
			A 級又は B 級	PS1 又は PL1	19
		半面形面体	S 級	PS3 又は PL3	50
			A 級	PS2 又は PL2	33
			A 級又は B 級	PS1 又は PL1	14
	ルーズフィット形	フード又はフェイスシールド	S 級	PS3 又は PL3	25
			A 級	PS3 又は PL3	20
			S 級又は A 級	PS2 又は PL2	20
			S 級、A 級又は B 級	PS1 又は PL1	11
防毒機能を有する電動ファン付き呼吸用保護具(G-PAPR)[b]	防じん機能を有しないもの	面体形	全面形面体		1,000
			半面形面体		50
		ルーズフィット形	フード又はフェイスシールド		25
	防じん機能を有するもの	面体形	全面形面体	PS3 又は PL3	1,000
				PS2 又は PL2	90
				PS1 又は PL1	19
			半面形面体	PS3 又は PL3	50
				PS2 又は PL2	33
				PS1 又は PL1	14
		ルーズフィット形	フード又はフェイスシールド	PS3 又は PL3	25
				PS2 又は PL2	20
				PS1 又は PL1	11

注 a)　防じん機能を有する防毒マスクの粉じん等に対する指定防護係数は、防じんマスクの指定防護係数を適用する。有毒ガス等と粉じん等が混在する環境に対しては、それぞれにおいて有効とされるものについて、面体の種類が共通のものが選択の対象となる。

注 b)　防毒機能を有する電動ファン付き呼吸用保護具の指定防護係数の適用は、次による。なお、有毒ガス等と粉じん等が混在する環境に対しては、①と②のそれぞれにおいて有効とされるものについて、呼吸用インタフェースの種類が共通のものが選択の対象となる。

①　有毒ガス等に対する場合：防じん機能を有しないものの欄に記載されている数値を適用。

②　粉じん等に対する場合：防じん機能を有するものの欄に記載されている数値を適用。

別表２　その他の呼吸用保護具の指定防護係数

呼吸用保護具の種類			指定防護係数
循環式呼吸器	全面形面体	圧縮酸素形かつ陽圧形	10,000
		圧縮酸素形かつ陰圧形	50
		酸素発生形	50
	半面形面体	圧縮酸素形かつ陽圧形	50
		圧縮酸素形かつ陰圧形	10
		酸素発生形	10
空気呼吸器	全面形面体	プレッシャデマンド形	10,000
		デマンド形	50
	半面形面体	プレッシャデマンド形	50
		デマンド形	10
エアラインマスク	全面形面体	プレッシャデマンド形	1,000
		デマンド形	50
		一定流量形	1,000
	半面形面体	プレッシャデマンド形	50
		デマンド形	10
		一定流量形	50
	フード又はフェイスシールド	一定流量形	25
ホースマスク	全面形面体	電動送風機形	1,000
		手動送風機形又は肺力吸引形	50
	半面形面体	電動送風機形	50
		手動送風機形又は肺力吸引形	10
	フード又はフェイスシールド	電動送風機形	25

別表３　高い指定防護係数で運用できる呼吸用保護具の種類の指定防護係数

呼吸用保護具の種類				指定防護係数
防じん機能を有する電動ファン付き呼吸用保護具	半面形面体		S 級かつ PS3 又は PL3	300
	フード		S 級かつ PS3 又は PL3	1,000
	フェイスシールド		S 級かつ PS3 又は PL3	300
防毒機能を有する電動ファン付き呼吸用保護具[a]	防じん機能を有しないもの	半面形面体		300
		フード		1,000
		フェイスシールド		300
	防じん機能を有するもの	半面形面体	PS3 又は PL3	300
		フード	PS3 又は PL3	1,000
		フェイスシールド	PS3 又は PL3	300
フードを有するエアラインマスク			一定流量形	1,000

注記　この表の指定防護係数は、JIS T 8150 の附属書 JC に従って該当する呼吸用保護具の防護係数を求め、この表に記載されている指定防護係数を上回ることを該当する呼吸用保護具の製造者が明らかにする書面が製品に添付されている場合に使用できる。

注 [a]　防毒機能を有する電動ファン付き呼吸用保護具の指定防護係数の適用は、次による。なお、有毒ガス等と粉じん等が混在する環境に対しては、①と②のそれぞれにおいて有効とされるものについて、呼吸用インタフェースの種類が共通のものが選択の対象となる。

① 有毒ガス等に対する場合：防じん機能を有しないものの欄に記載されている数値を適用。

② 粉じん等に対する場合：防じん機能を有するものの欄に記載されている数値を適用。

別表４　要求フィットファクタ及び使用できるフィットテストの種類

面体の種類	要求フィットファクタ	フィットテストの種類	
		定性的フィットテスト	定量的フィットテスト
全面形面体	500	—	○
半面形面体	100	○	○
注記　半面形面体を用いて定性的フィットテストを行った結果が合格の場合、フィットファクタは 100 以上とみなす。			

別表５　粉じん等の種類及び作業内容に応じて選択可能な防じんマスク及び防じん機能を有する電動ファン付き呼吸用保護具

粉じん等の種類及び作業内容	オイルミストの有無	防じんマスク		
		種類	呼吸用インタフェースの種類	ろ過材の種類
○安衛則第 592 条の 5 廃棄物の焼却施設に係る作業で、ダイオキシン類の粉じんばく露のおそれのある作業において使用する防じんマスク及び防じん機能を有する電動ファン付き呼吸用保護具	混在しない	取替え式	全面形面体	RS3、RL3
			半面形面体	RS3、RL3
	混在する	取替え式	全面形面体	RL3
			半面形面体	RL3
○電離則第 38 条 放射性物質がこぼれたとき等による汚染のおそれがある区域内の作業又は緊急作業において使用する防じんマスク及び防じん機能を有する電動ファン付き呼吸用保護具	混在しない	取替え式	全面形面体	RS3、RL3
			半面形面体	RS3、RL3
	混在する	取替え式	全面形面体	RL3
			半面形面体	RL3
○鉛則第 58 条、特化則第 38 条の 21、特化則第 43 条及び粉じん則第 27 条 金属のヒューム（溶接ヒュームを含む。）を発散する場所における作業において使用する防じんマスク及び防じん機能を有する電動ファン付き呼吸用保護具（※１）	混在しない	取替え式	全面形面体	RS3、RL3、RS2、RL2
			半面形面体	RS3、RL3、RS2、RL2
		使い捨て式		DS3、DL3、DS2、DL2
	混在する	取替え式	全面形面体	RL3、RL2
			半面形面体	RL3、RL2
		使い捨て式		DL3、DL2
○鉛則第 58 条及び特化則第 43 条 管理濃度が 0.1 mg/m³ 以下の物質の粉じんを発散する場所における作業において使用する防じんマスク及び防じん機能を有する電動ファン付き呼吸用保護具（※１）	混在しない	取替え式	全面形面体	RS3、RL3、RS2、RL2
			半面形面体	RS3、RL3、RS2、RL2
		使い捨て式		DS3、DL3、DS2、DL2
	混在する	取替え式	全面形面体	RL3、RL2
			半面形面体	RL3、RL2
		使い捨て式		DL3、DL2
○石綿則第 14 条 負圧隔離養生及び隔離養生（負圧不要）の内部で、石綿等の除去等を行う作業<吹き付けられた石綿等の除去、石綿含有保温材等の除去、石綿等の封じ込めもしくは囲い込み、石綿含有成形板等の除去、石綿含有仕上塗材の除去>において使用する防じん機能を有する電動ファン付き呼吸用保護具	混在しない			
	混在する			

防じん機能を有する電動ファン付き呼吸用保護具			
種類	呼吸用インタフェースの種類	漏れ率の区分	ろ過材の種類
面体形	全面形面体	S級	PS3、PL3
	半面形面体	S級	PS3、PL3
ルーズフィット形	フード	S級	PS3、PL3
	フェイスシールド	S級	PS3、PL3
面体形	全面形面体	S級	PL3
	半面形面体	S級	PL3
ルーズフィット形	フード	S級	PL3
	フェイスシールド	S級	PL3
面体形	全面形面体	S級	PS3、PL3
	半面形面体	S級	PS3、PL3
ルーズフィット形	フード	S級	PS3、PL3
	フェイスシールド	S級	PS3、PL3
面体形	全面形面体	S級	PL3
	半面形面体	S級	PL3
ルーズフィット形	フード	S級	PL3
	フェイスシールド	S級	PL3
面体形	全面形面体	S級	PS3、PL3
	半面形面体	S級	PS3、PL3
ルーズフィット形	フード	S級	PS3、PL3
	フェイスシールド	S級	PS3、PL3
面体形	全面形面体	S級	PL3
	半面形面体	S級	PL3
ルーズフィット形	フード	S級	PL3
	フェイスシールド	S級	PL3

別表５　粉じん等の種類及び作業内容に応じて選択可能な防じんマスク及び防じん機能を有する電動ファン付き呼吸用保護具（つづき）

粉じん等の種類及び作業内容	オイルミストの有無	防じんマスク		
		種類	呼吸用インタフェースの種類	ろ過材の種類
○石綿則第 14 条 負圧隔離養生及び隔離養生（負圧不要）の外部（又は負圧隔離及び隔離養生措置を必要としない石綿等の除去等を行う作業場）で、石綿等の除去等を行う作業＜吹き付けられた石綿等の除去、石綿含有保温材等の除去、石綿等の封じ込めもしくは囲い込み、石綿含有成形板等の除去、石綿含有仕上塗材の除去＞において使用する防じんマスク及び防じん機能を有する電動 ファン付き呼吸用保護具（※３）	混在しない	取替え式	全面形面体	RS3、RL3
			半面形面体	RS3、RL3
	混在する	取替え式	全面形面体	RL3
			半面形面体	RL3
○石綿則第 14 条 負圧隔離養生及び隔離養生（負圧不要）の外部（又は負圧隔離及び隔離養生措置を必要としない石綿等の除去等を行う作業場）で、石綿等の切断等を伴わない囲い込み／石綿含有形板等の切断等を伴わずに除去する作業において使用する防じんマスク	混在しない	取替え式	全面形面体	RS3、RL3、RS2、RL2
			半面形面体	RS3、RL3、RS2、RL2
	混在する	取替え式	全面形面体	RL3、RL2
			半面形面体	RL3、RL2
○石綿則第 14 条 石綿含有成形板等及び石綿含有仕上塗材の除去等作業を行う作業場で、石綿等の除去等以外の作業を行う場合において使用する防じんマスク	混在しない	取替え式	全面形面体	RS3、RL3、RS2、RL2
			半面形面体	RS3、RL3、RS2、RL2
	混在する	取替え式	全面形面体	RL3、RL2
			半面形面体	RL3、RL2
○除染則第 16 条 高濃度汚染土壌等を取り扱う作業であって、粉じん濃度が 10 ミリグラム毎立方メートルを超える場所において使用する防じんマスク（※２）	混在しない	取替え式	全面形面体	RS3、RL3、RS2、RL2
			半面形面体	RS3、RL3、RS2、RL2
		使い捨て式		DS3、DL3、DS2、DL2
	混在する	取替え式	全面形面体	RL3、RL2
			半面形面体	RL3、RL2
		使い捨て式		DL3、DL2

※１：防じん機能を有する電動ファン付き呼吸用保護具のろ過材は、粒子捕集効率が 95 パーセント以上であればよい。
※２：それ以外の場所において使用する防じんマスクのろ過材は、粒子捕集効率が 80 パーセント以上であればよい。
※３：防じん機能を有する電動ファン付き呼吸用保護具を使用する場合は、大風量型とすること。

	防じん機能を有する電動ファン付き呼吸用保護具			
	種類	呼吸用インタフェースの種類	漏れ率の区分	ろ過材の種類
	面体形	全面形面体	S級	PS3、PL3
		半面形面体	S級	PS3、PL3
	ルーズフィット形	フード	S級	PS3、PL3
		フェイスシールド	S級	PS3、PL3
	面体形	全面形面体	S級	PL3
		半面形面体	S級	PL3
	ルーズフィット形	フード	S級	PL3
		フェイスシールド	S級	PL3

【附録 2】

化学防護手袋の選択、使用等について

（平成 29 年 1 月 12 日付け基発 0112 第 6 号）

有害な化学物質が直接皮膚に接触することによって生じる、皮膚の損傷等の皮膚障害や、体内への経皮による吸収によって生じる健康障害を防止するためには、化学物質を製造し、又は取り扱う設備の自動化や密閉化、適切な治具の使用等により、有害な化学物質への接触の機会をできるだけ少なくすることが必要であるが、作業の性質上本質的なばく露防止対策を取れない場合には、化学防護手袋を使用することが重要である。化学防護手袋は、使用されている材料によって、防護性能、作業性、機械的強度等が変わるため、対象とする有害な化学物質を考慮して作業に適した手袋を選択する必要がある。

今般、特定化学物質障害予防規則及び労働安全衛生規則の一部を改正する省令（平成 28 年厚生労働省令第 172 号）による特定化学物質障害予防規則（昭和 47 年労働省令第 39 号）の改正により、経皮吸収対策に係る規制を強化したことに伴い、化学防護手袋の選択、使用等の留意事項について下記のとおり定め、別添 1（略）により日本防護手袋研究会会長あて及び別添 2（略）により別紙関係事業者等団体の長あて通知したので、了知されたい。また、今後、有害な化学物質を取り扱う事業場を指導する際には、下記の内容を周知されたい。

記

第 1　事業者が留意する事項

1　全体的な留意事項

化学物質へのばく露防止対策を講じるに当たっては、有害性が極力低い化学物質への代替や発散源を密閉する設備等の工学的対策等による根本的なレベルでのリスク低減を行うことが望ましく、化学防護手袋の使用はより根本的なレベルでのばく露防止対策を講じることができない場合にやむを得ず講じる対策であることを前提として、事業者は、化学防護手袋の選択、使用等に当たって、次に掲げる事項について特に留意すること。

(1)　事業者は、衛生管理者、作業主任者等の労働衛生に関する知識及び経験を有する者のうちから、作業場ごとに化学防護手袋を管理する保護具着用管理責任者を指名し、化学防護手袋の適正な選択、着用及び取扱方法について労働者に対し必要な指導を行わせるとともに、化学防護手袋の適正な保守管理に当たらせること。なお、特定化学物質障害予防規則等により、保護具の使用状況の監視は、作業主任者の職務とされているので、上記と併せてこれを徹底すること。

(2)　事業者は、作業に適した化学防護手袋を選択し、化学防護手袋を着用する労働者に対し、当該化学防護手袋の取扱説明書、ガイドブック、パンフレット等（以下「取扱説明書等」という。）に基づき、化学防護手袋の適正な装着方法及び使用方法について十分な教育や訓練を行うこと。

2　化学防護手袋の選択に当たっての留意事項

労働安全衛生関係法令において使用されている「不浸透性」は、有害物等と直接接触することがないような性能を有することを指しており、日本工業規格（編注：現日本産業規格）（以下「JIS」という。）T8116（化学防護手袋）で定義する「透過」

しないこと及び「浸透」しないことのいずれの要素も含んでいること。(「透過」及び「浸透」の定義については後述)

化学防護手袋の選択に当たっては、取扱説明書等に記載された試験化学物質に対する耐透過性クラスを参考として、作業で使用する化学物質の種類及び当該化学物質の使用時間に応じた耐透過性を有し、作業性の良いものを選ぶこと。

なお､JIS T 8116（化学防護手袋）では、「透過」を「材料の表面に接触した化学物質が、吸収され、内部に分子レベルで拡散を起こし、裏面から離脱する現象。」と定義し、試験化学物質に対する平均標準破過点検出時間を指標として、耐透過性を、クラス1（平均標準破過点検出時間10分以上）からクラス6（平均標準破過点検出時間480分以上）の6つのクラスに区分している（表1参照）。この試験方法は、ASTM F739と整合しているので、ASTM規格適合品も、JIS適合品と同等に取り扱って差し支えない。

また、事業場で使用されている化学物質が取扱説明書等に記載されていないものであるなどの場合は、製造者等に事業場で使用されている化学物質の組成、作業内容、作業時間等を伝え、適切な化学防護手袋の選択に関する助言を得て選ぶこと。

表1　耐透過性の分類

クラス	平均標準破過点検出時間（分）
6	＞480
5	＞240
4	＞120
3	＞60
2	＞30
1	＞10

3　化学防護手袋の使用に当たっての留意事項

化学防護手袋の使用に当たっては、次の事項に留意すること。

⑴　化学防護手袋を着用する前には、その都度、着用者に傷、孔あき、亀裂等の外観上の問題がないことを確認させるとともに、化学防護手袋の内側に空気を吹き込むなどにより、孔あきがないことを確認させること。

⑵　化学防護手袋は、当該化学防護手袋の取扱説明書等に掲載されている耐透過性クラス、その他の科学的根拠を参考として、作業に対して余裕のある使用可能時間をあらかじめ設定し、その設定時間を限度に化学防護手袋を使用させること。なお、化学防護手袋に付着した化学物質は透過が進行し続けるので、作業を中断しても使用可能時間は延長しないことに留意すること。また､乾燥､洗浄等を行っても化学防護手袋の内部に侵入している化学物質は除去できないため、使用可能時間を超えた化学防護手袋は再使用させないこと。

⑶　強度の向上等の目的で、化学防護手袋とその他の手袋を二重装着した場合でも、化学防護手袋は使用可能時間の範囲で使用させること。

⑷　化学防護手袋を脱ぐときは、付着している化学物質が､身体に付着しないよう、できるだけ化学物質の付着面が内側になるように外し、取り扱った化学物質の安全データシート（SDS)、法令等に従って適切に廃棄させること。

4　化学防護手袋の保守管理上の留意事項

化学防護手袋は、有効かつ清潔に保持すること。また､その保守管理に当たっては、製造者の取扱説明書等に従うほか、次の事項に留意すること。

⑴　予備の化学防護手袋を常時備え付け、適時交換して使用できるようにすること。

⑵　化学防護手袋を保管する際は、次に留意すること。

ア　直射日光を避けること。

イ　高温多湿を避け、冷暗所に保管すること。

ウ　オゾンを発生する機器(モーター類、殺菌灯等）の近くに保管しないこと。

第２　製造者等が留意する事項

化学防護手袋の製造者等は、次の事項を実施するよう努めること。

1　化学防護手袋の販売に際しては、事業者等が適切な化学防護手袋を選択できるよう、JIS T 8116に基づく耐透過性試験の結果など、その性能に係る情報の提供を行うこと。

2　化学防護手袋の不適切な選択、使用等を把握した場合には、使用者に対し是正を促すとともに、必要に応じ不適切な選択、使用等の事例をホームページで公表する等により水平展開するなどにより、合理的に予見される誤使用の防止を図ること。

第３　その他の参考事項

JIS T8116に定められている「耐浸透性」及び「耐劣化性」の定義及び指標は、以下のとおりである。

1　耐浸透性

JIS T8116では、「浸透」を「化学防護手袋の開閉部、縫合部、多孔質材料及びその他の不完全な部分などを透過する化学物質の流れ。」と定義し、品質検査における抜き取り検査にて許容し得ると決められた不良率の上限の値である品質許容基準[AQL: 検査そのものの信頼性を示す指標であり、数値が小さいほど多くの抜き取り数で検査されたことを示す。] を指標として、耐浸透性を、クラス１（品質許容水準[AQL]0.65）からクラス４（品質許容水準[AQL]4.0）の４つのクラスに区分することとしている（表２参照)。

発がん物質等、有害性が高い物質を取り扱う際には、クラス１などAQLが小さい化学防護手袋を選ぶことが望ましい。

表２　耐浸透性の分類

クラス	品質許容水準（AQL）
4	4.0
3	2.5
2	1.5
1	0.65

2　耐劣化性

JIS T8116では、「劣化」を「化学物質との接触によって、化学防護手袋材料の１種類以上の物理的特性が悪化する現象。」と定義し、耐劣化性試験を実施したとき、試験した各化学物質に対する物理性能の変化率から、耐劣化性をクラス１（変化率80％以下)からクラス４(変化率20％以下）の４つのクラスに区分することとしている（表３参照)。なお、耐劣化性についてはJIS T8116において任意項目とされているとともに、JIS T8116解説に、「耐劣化性は、耐透過性、耐浸透性に比べ、短時間使用する場合の性能としての有用性は低い」と記載されている。

表３　耐劣化性の分類

クラス	変化率
4	≦ 20
3	≦ 40
2	≦ 60
1	≦ 80

【附録 3】

皮膚等障害化学物質等に該当する化学物質について

（令和５年７月４日付け基発 0704 第１号、令和５年 11 月９日一部改正）

労働安全衛生規則等の一部を改正する省令（令和４年厚生労働省令第 91 号）により改正され、令和６年４月１日から施行される労働安全衛生規則（昭和 47 年労働省令第 32 号。以下「安衛則」という。）第 594 条の２第１項に規定する皮膚等障害化学物質等については、「労働安全衛生規則等の一部を改正する省令等の施行について」（令和４年５月 31 日付け基発 0531 第９号。以下「施行通達」という。）の記の第４の８（2）において、「別途示すものが含まれること」とされているところであるが、今般、「別途示すもの」について下記のとおり示すので、関係者への周知徹底を図るとともに、その運用に遺漏なきを期されたい。

記

1　趣旨

本通達は、安衛則第 594 条の２第１項が適用される皮膚等障害化学物質等のうち、皮膚から吸収され、 若しくは皮膚に侵入して、健康障害を生ずるおそれがあることが明らかな化学物質に該当する物を示すとともに、皮膚等障害化学物質等についての留意事項を示す趣旨であること。

本通達は、現時点での知見に基づくものであり、国が行う化学品の分類（日本産業規格 Z7252（GHS に基づく化学品の分類方法）に定める方法による化学物質の危険性及び有害性の分類をいう。）の結果（以下「国が公表する GHS 分類の結果」という。）の見直しや新たな知見が示された場合は、必要に応じ、見直されることがあること。

2　用語の定義

⑴　皮膚刺激性有害物質

皮膚等障害化学物質等のうち、皮膚刺激性有害物質は、皮膚又は眼に障害を与えるおそれがあることが明らかな化学物質をいうこと。具体的には、施行通達記の第４の８⑵の「国が公表する GHS 分類の結果及び譲渡提供者より提供された SDS 等に記載された有害性情報のうち「皮膚腐食性・刺激性」、「眼に対する重篤な損傷性・眼刺激性」及び「呼吸器感作性又は皮膚感作性」のいずれかで区分１に分類されているもの」に該当する化学物質をいうこと。ただし、特定化学物質障害予防規則（昭和 47 年労働省令第 39 号。以下「特化則」という。）等の特別規則において、皮膚又は眼の障害を防止するために不浸透性の保護衣等の使用が義務付けられているものを除く。

⑵　皮膚吸収性有害物質

皮膚等障害化学物質等のうち、皮膚吸収性有害物質は、皮膚から吸収され、若しくは皮膚に侵入して、健康障害を生ずるおそれがあることが明らかな化学物質をいうこと。ただし、特化則等の特別規則において、皮膚又は眼の障害等を防止するために不浸透性の保護衣等の使用が義務付けられているものを除く。

3　皮膚吸収性有害物質に該当する物

皮膚吸収性有害物質には、次の⑴から⑶までのいずれかに該当する化学物質が含まれること。

⑴　国が公表する GHS 分類の結果、危険性又は有害性があるものと区分された化

学物質のうち、濃度基準値（安衛則第577条の2第2項の厚生労働大臣が定める濃度の基準をいう。）又は米国産業衛生専門家会議（ACGIH）等が公表する職業ばく露限界値（以下「濃度基準値等」という。）が設定されているものであって、次のアからウまでのいずれかに該当するもの

ア　ヒトにおいて、経皮ばく露が関与する健康障害を示す情報（疫学研究、症例報告、被験者実験等）があること

イ　動物において、経皮ばく露による毒性影響を示す情報があること

ウ　動物において、経皮ばく露による体内動態情報があり、併せて職業ばく露限界値を用いたモデル計算等により経皮ばく露による毒性影響を示す情報があること

(2)　国が公表するGHS分類の結果、経皮ばく露によりヒトまたは動物に発がん性（特に皮膚発がん）を示すことが知られている物質

(3)　国が公表するGHS分類の結果がある化学物質のうち、濃度基準値等が設定されていないものであって、経皮ばく露による動物急性毒性試験により急性毒性（経皮）が区分1に分類されている物質

4　皮膚等障害化学物質を含有する製剤の裾切値について

(1)　次のア及びイに掲げる皮膚等障害化学物質の区分に応じ、その含有量がそれぞれ次のア及びイに掲げる含有量の値（ア及びイの両方に該当する物質にあっては、ア又はイに係る値のうち最も低いもの、イに該当する物質であって、二以上の有害性区分に該当するものにあっては、その該当する有害性区分に係る値のうち最も低いもの）未満であるものについては、皮膚等障害化学物質等には該当しないものとして取り扱うこと。なお、パーセントは重量パーセントであること。

ア　皮膚刺激性有害物質　1パーセント

イ　皮膚吸収性有害物質　1パーセント（国が公表するGHS分類の結果、生殖細胞変異原性区分1又は発がん性区分1に区分されているものは0.1パーセント、生殖毒性区分1に区分されているものは0.3パーセント）

(2)　(1)に定める値は、労働安全衛生法施行令第18条第3号及び第18条の2第3号の規定に基づき厚生労働大臣の定める基準（令和5年厚生労働省告示第304号）の別表第3における容器等への名称等の表示に係る裾切値の考え方を用い、皮膚刺激性有害物質については、「皮膚腐食性・刺激性」、「眼に対する重篤な損傷性・眼刺激性」及び「呼吸器感作性又は皮膚感作性」（呼吸器感作性については気体を除く。）の裾切値、皮膚吸収性有害物質については、その他の関係する有害性区分の裾切値を踏まえて設定したものであること。

5　該当物質の一覧

(1)　3の皮膚吸収性有害物質に該当する物は、別添に掲げるとおりであること。

(2)　次に掲げる物質の一覧を厚生労働省ホームページで公表する予定であること。

ア　3の皮膚吸収性有害物質

イ　皮膚刺激性有害物質（国が公表するGHS分類の結果があるものに限る）

ウ　特化則等の特別規則において不浸透性の保護衣等の使用が義務付けられている物質

別添　皮膚吸収性有害物質一覧

通し番号	労働安全衛生法令の名称	備考
1	アクリル酸	
2	アクリル酸２－ヒドロキシプロピル	
3	アクリル酸メチル	
4	アクロレイン	
5	アジ化ナトリウム	
6	アジポニトリル	
7	アスファルト	
8	アセチルアセトン	
9	アセトニトリル	
10	アセトンシアノヒドリン	
11	アニリン	
12	アフラトキシン	
13	３－アミノ－1H－1，2，4－トリアゾール(別名アミトロール)	
14	３－アミノ－１－プロペン	
15	アリルアルコール	
16	１－アリルオキシ－2，3－エポキシプロパン	
17	アリル＝メタクリレート	国によるGHS分類の名称
18	３－(アルファ－アセトニルベンジル)－４－ヒドロキシクマリン(別名ワルファリン)	
19	安息香酸	国によるGHS分類の名称
20	安息香酸カリウム塩	国によるGHS分類の名称
21	イソオクタノール	国によるGHS分類の名称
22	イソシアン酸メチル	
23	N－イソプロピルアニリン	
24	N－イソプロピルアミノホスホン酸Ｏ－エチル－Ｏ－(3－メチル－４－メチルチオフェニル)(別名フェナミホス)	
25	イソプロピルアミン	
26	インデノ[1，2，3－cd]ピレン	国によるGHS分類の名称
27	ウラン	
28	エチルアミン	
29	エチル＝3－エトキシプロパノアート	国によるGHS分類の名称
30	Ｏ－エチル＝S，S－ジプロピル＝ホスホロジチオアート(別名エトプロホス)	
31	エチル－パラ－ニトロフェニルチオノベンゼンホスホネイト(別名EPN)	
32	Ｏ－エチル－S－フェニル＝エチルホスホノチオロチオナート(別名ホノホス)	
33	(3S，4R)－３－エチル－４－[(1－メチル－1H－イミダゾール－５－イル)メチル]オキソラン－２－オン(別名ピロカルピン)	
34	N－エチルモルホリン	
35	エチレングリコール	
36	エチレングリコールモノエチルエーテル(別名セロソルブ)	
37	エチレングリコールモノエチルエーテルアセテート(別名セロソルブアセテート)	

38	エチレングリコールモノ－ノルマル－ブチルエーテル(別名ブチルセロソルブ)	
39	エチレングリコールモノブチルエーテルアセタート	
40	エチレングリコールモノメチルエーテル(別名メチルセロソルブ)	
41	エチレングリコールモノメチルエーテルアセテート	
42	エチレンクロロヒドリン	
43	エチレンジアミン	
44	1，1'－エチレン－2，2'－ビピリジニウム＝ジブロミド(別名ジクアット)	
45	エピクロロヒドリン	
46	2，3－エポキシ－1－プロパノール	
47	2，3－エポキシプロピル＝フェニルエーテル	
48	塩化アリル	
49	塩素化カンフェン(別名トキサフェン)	
50	塩素化ジフェニルオキシド	
51	オキシビス(チオホスホン酸)O，O，O'，O'－テトラエチル(別名スルホテップ)	
52	オクタクロルテトラヒドロメタノフタラン	
53	オクタクロロナフタレン	
54	1，2，4，5，6，7，8，8－オクタクロロ－2，3，3a，4，7，7a－ヘキサヒドロ－4，7－メタノ－1H－インデン(別名クロルデン)	
55	2－n－オクチル－4－イソチアゾリン－3－オン	国によるGHS分類の名称
56	オルト－アニシジン	
57	オルト－ジクロロベンゼン	
58	オルト－セカンダリ－ブチルフェノール	
59	カテコール	
60	カルシウムシアナミド	
61	ぎ酸メチル	
62	キシリジン	
63	キシレン	
64	グリオキサール	国によるGHS分類の名称
65	クリセン	国によるGHS分類の名称
66	クレゾール	
67	クロム及びその化合物	オキシ塩化クロム(VI)に限る。
68	クロルデコン	国によるGHS分類の名称
69	クロロアセチル＝クロリド	
70	クロロアセトアミド	国によるGHS分類の名称
71	クロロアセトン	
72	o－クロロアニリン	国によるGHS分類の名称
73	クロロアニリン(3－クロロアニリン)/クロロアニリン	国によるGHS分類の名称
74	クロロ酢酸	
75	クロロ酢酸メチル	国によるGHS分類の名称
76	1－クロロ－4－(トリクロロメチル)ベンゼン	
77	2－クロロニトロベンゼン	

78	３－(６－クロロピリジン－３－イルメチル)－１，３－チアゾリジン－２－イリデンシアナミド(別名チアクロプリド)	
79	２－クロロ－１，３－ブタジエン	
80	１－クロロ－２－プロパノール	
81	２－クロロ－１－プロパノール	
82	２－クロロプロピオン酸	
83	クロロメタン(別名塩化メチル)	
84	４－クロロ－２－メチルアニリン及びその塩酸塩	４－クロロ－２－メチルアニリンに限る。
85	Ｏ－３－クロロ－４－メチル－２－オキソ－2H－クロメン－７－イル＝O'，O''－ジエチル＝ホスホロチオアート	
86	１，２－酸化ブチレン	
87	シアナミド	
88	２，４－ジアミノアニソール	
89	２，４－ジアミノトルエン	
90	シアン化カルシウム	
91	ジイソプロピル－Ｓ－(エチルスルフィニルメチル)－ジチオホスフェイト	
92	ジエタノールアミン	
93	Ｎ，Ｎ－ジエチル亜硝酸アミド	
94	２－(ジエチルアミノ)エタノール	
95	ジエチルアミン	
96	ジエチル－４－クロルフェニルメルカプトメチルジチオホスフェイト	
97	ジエチル－１－(2'，4'－ジクロルフェニル)－２－クロルビニルホスフェイト	
98	ジエチル－(１，３－ジチオシクロペンチリデン)－チオホスホルアミド	
99	ジエチル－パラ－ニトロフェニルチオホスフェイト(別名パラチオン)	
100	ジエチレングリコールジメチルエーテル	国によるGHS分類の名称
101	ジエチレントリアミン	
102	1,4－ジオキサン－2,3－ジイルジチオビス(チオホスホン酸)O，O，O'，O'－テトラエチル(別名ジオキサチオン)	
103	シクロヘキサノール	
104	シクロヘキサノン	
105	３，４－ジクロロアニリン	国によるGHS分類の名称
106	ジクロロ酢酸	
107	１，２－ジクロロ－４－ニトロベンゼン	国によるGHS分類の名称
108	２，４－ジクロロフェノキシ酢酸	
109	１，４－ジクロロ－２－ブテン	
110	１，３－ジクロロプロペン	
111	ジシクロヘキシルアミン	国によるGHS分類の名称
112	ジチオりん酸Ｏ－エチル－Ｏ－(４－メチルチオフェニル)－Ｓ－ノルマル－プロピル(別名スルプロホス)	
113	ジチオりん酸Ｏ，Ｏ－ジエチル－Ｓ－(２－エチルチオエチル)(別名ジスルホトン)	

114	ジチオりん酸O，O－ジエチル－S－エチルチオメチル(別名ホレート)	
115	ジチオりん酸O，O－ジエチル－S－(ターシャリ－ブチルチオメチル)(別名テルブホス)	
116	ジチオりん酸O，O－ジメチル－S－[(4－オキソ－1，2，3－ベンゾトリアジン－3(4H)－イル)メチル](別名アジンホスメチル)	
117	ジチオりん酸O，O－ジメチル－S－1，2－ビス(エトキシカルボニル)エチル(別名マラチオン)	
118	ジニトロトルエン	国によるGHS分類の名称
119	ジニトロベンゼン	
120	2，4－ジニトロ－6－(1－メチルプロピル)－フェノール	
121	2－(ジ－ノルマル－ブチルアミノ)エタノール	
122	ジビニルスルホン(別名ビニルスルホン)	
123	2－ジフェニルアセチル－1，3－インダンジオン	
124	1，2－ジブロモエタン(別名EDB)	
125	1，2－ジブロモ－3－クロロプロパン	
126	ジベンゾ[a，h]アントラセン(別名1，2：5，6－ジベンゾアントラセン)	
127	ジベンゾ[a，h]ピレン	国によるGHS分類の名称
128	ジベンゾ[a，i]ピレン	国によるGHS分類の名称
129	N，N－ジメチルアセトアミド	
130	N，N－ジメチルアニリン	
131	ジメチルエチルメルカプトエチルチオホスフェイト(別名メチルジメトン)	
132	3，7－ジメチル－2，6－オクタジエナール(別名シトラール)	国によるGHS分類の名称
133	ジメチルカルバモイル＝クロリド	
134	ジメチルジスルフィド	
135	ジメチルスルホキシド	国によるGHS分類の名称
136	N，N－ジメチルニトロソアミン	
137	ジメチル－パラ－ニトロフェニルチオホスフェイト(別名メチルパラチオン)	
138	1，1'－ジメチル－4，4'－ビピリジニウム塩	
139	2，2－ジメチル－1，3－ベンゾジオキソール－4－イル－N－メチルカルバマート(別名ベンダイオカルブ)	国によるGHS分類の名称
140	N，N－ジメチルホルムアミド	
141	臭化エチル	
142	すず及びその化合物	テトラメチルスズに限る。
143	4－ターシャリ－ブチルフェノール	国によるGHS分類の名称
144	タリウム及びその化合物	国によるGHS分類の名称
145	チオジ(パラ－フェニレン)－ジオキシ－ビス(チオホスホン酸)O，O，O'，O'－テトラメチル(別名テメホス)	
146	チオフェノール	
147	チオりん酸O，O－ジエチル－O－(2－イソプロピル－6－メチル－4－ピリミジニル)(別名ダイアジノン)	
148	チオりん酸O，O－ジエチル－エチルチオエチル(別名ジメトン)	

149	チオりん酸Ｏ，Ｏ－ジエチル－Ｏ－(6－オキソ－１－フェニル－1,6－ジヒドロ－３－ピリダジニル)(別名ピリダフェンチオン)	
150	チオりん酸Ｏ，Ｏ－ジエチル－Ｏ－(3，5，6－トリクロロ－２－ピリジル)(別名クロルピリホス)	
151	チオりん酸Ｏ，Ｏ－ジエチル－Ｏ－(2－ピラジニル)(別名チオナジン)	
152	チオりん酸Ｏ，Ｏ－ジエチル－Ｏ－[4－(メチルスルフィニル)フェニル](別名フェンスルホチオン)	
153	チオりん酸Ｏ,Ｏ－ジメチル－Ｏ－(3－メチル－４－ニトロフェニル)(別名フェニトロチオン)	
154	チオりん酸Ｏ，Ｏ－ジメチル－Ｏ－(3－メチル－４－メチルチオフェニル)(別名フェンチオン)	
155	デカボラン	
156	テトラエチルピロホスフェイト(別名 TEPP)	
157	Ｎ－(1，1，2，2－テトラクロロエチルチオ)－1，2，3，6－テトラヒドロフタルイミド(別名キャプタフォル)	
158	テトラヒドロフラン	
159	テトラヒドロメチル無水フタル酸	
160	テトラメチルこはく酸ニトリル	
161	灯油	
162	トリエチルアミン	
163	トリクロロエタン	
164	トリクロロナフタレン	
165	1，1，1－トリクロロ－2，2－ビス(4－メトキシフェニル)エタン(別名メトキシクロル)	
166	2，4，5－トリクロロフェノキシ酢酸	
167	2，3，4－トリクロロ－１－ブテン	国による GHS 分類の名称
168	1，2，3－トリクロロプロパン	
169	1，2，3－トリクロロベンゼン	国による GHS 分類の名称
170	1，3，5－トリクロロベンゼン	国による GHS 分類の名称
171	トリニトロトルエン	2，4，6－トリニトロトルエンに限る。
172	トルイジン	オルト－トルイジンを除く。
173	トルエン	
174	ナトリウム＝1－オキソ－１λ(5)－ピリジン－２－チオラート	国による GHS 分類の名称
175	１－ナフチルチオ尿素	
176	１－ナフチル－Ｎ－メチルカルバメート(別名カルバリル)	
177	ニコチン	
178	二硝酸プロピレン	
179	ニトログリセリン	
180	Ｎ－ニトロソジエタノールアミン	国による GHS 分類の名称
181	Ｎ－ニトロソモルホリン	
182	ニトロトルエン	２－ニトロトルエン及び３－ニトロトルエンに限る。
183	ニトロプロパン	１－ニトロプロパンに限る。

184	ニトロベンゼン	
185	二硫化炭素	
186	ノルマル－ブチルアミン	
187	ノルマル－ブチル－2，3－エポキシプロピルエーテル	
188	ノルマルヘキサン	
189	パラ－アニシジン	
190	パラ－クロロアニリン	
191	パラ－ターシャリ－ブチル安息香酸	
192	パラ－ニトロアニリン	
193	ピクリン酸	
194	ビス(2－クロロエチル)エーテル	
195	ビス(2－クロロエチル)スルフィド(別名マスタードガス)	
196	ビス(2－クロロエチル)メチルアミン(別名HN2)	
197	ビス(ジチオりん酸)S，S'－メチレン－O，O，O'，O'－テトラエチル(別名エチオン)	
198	S，S－ビス(1－メチルプロピル)=O－エチル＝ホスホロジチオアート(別名カズサホス)	
199	ヒドラジン及びその一水和物	ヒドラジンに限る。
200	ヒドロキノン	
201	4－ビニルシクロヘキセンジオキシド	
202	N－ビニル－2－ピロリドン	
203	ビフェニル	
204	ピリジン	
205	2－ピリジンチオール－1－オキシドの亜鉛塩(別名ジンクピリチオン)	国によるGHS分類の名称
206	フェナントレン	国によるGHS分類の名称
207	フェニルオキシラン	
208	フェニルヒドラジン	
209	N－フェニル－1，4－ベンゼンジアミン	国によるGHS分類の名称
210	フェニレンジアミン	m－フェニレンジアミンに限る
211	フェノチアジン	
212	1－ブタノール	
213	o－フタルアルデヒド	国によるGHS分類の名称
214	フタル酸ビス(2－エチルヘキシル)(別名DEHP)	
215	ブタン－2－オン＝オキシム	国によるGHS分類の名称
216	2，3－ブタンジオン(別名ジアセチル)	
217	1－ブタンチオール	
218	tert－ブチル＝ヒドロペルオキシド	国によるGHS分類の名称
219	2－ブテナール	
220	フルオロ酢酸ナトリウム	
221	フルフラール	
222	フルフリルアルコール	
223	プロピルアルコール	ノルマル－プロピルアルコールに限る。

224	プロピレンイミン	
225	プロピレングリコールエチルエーテル(別名１－エトキシ－２－プロパノール)	国による GHS 分類の名称
226	２－プロピン－１－オール	
227	２－プロポキシエタノール	国による GHS 分類の名称
228	ブロモクロロメタン	
229	ブロモジクロロメタン	
230	２－ブロモ－２－ニトロプロパン－１，３－ジオール(別名ブロノポル)	国による GHS 分類の名称
231	２－ブロモプロパン	
232	３－ブロモ－１－プロペン(別名臭化アリル)	
233	ヘキサクロロエタン	
234	１，２，３，４，10，10－ヘキサクロロ－６，７－エポキシ－１，４，4a，５，６，７，８，8a－オクタヒドロ－エキソ－１，４－エンド－５，８－ジメタノナフタレン(別名ディルドリン)	
235	１，２，３，４，10，10－ヘキサクロロ－６，７－エポキシ－１，４，4a，５，６，７，８，8a－オクタヒドロ－エンド－１，４－エンド－５，８－ジメタノナフタレン(別名エンドリン)	
236	１，２，３，４，５，６－ヘキサクロロシクロヘキサン(別名リンデン)	
237	ヘキサクロロナフタレン	
238	１，２，３，４，10，10－ヘキサクロロ－１，４，4a，５，８，8a－ヘキサヒドロ－エキソ－１，４－エンド－５，８－ジメタノナフタレン(別名アルドリン)	
239	ヘキサクロロヘキサヒドロメタノベンゾジオキサチエピンオキサイド(別名ベンゾエピン)	
240	ヘキサクロロベンゼン	
241	ヘキサヒドロ－１，３，５－トリニトロ－１，３，５－トリアジン(別名シクロナイト)	
242	ヘキサフルオロアセトン	
243	ヘキサメチルホスホリックトリアミド	
244	１，４，５，６，７，８，８－ヘプタクロロ－２，３－エポキシ－２，３，3a, 4, 7, 7a－ヘキサヒドロ－4, 7－メタノ－1H－インデン(別名ヘプタクロルエポキシド)	
245	１，４，５，６，７，８，８－ヘプタクロロ－3a，４，７，7a－テトラヒドロ－４，７－メタノ－1H－インデン(別名ヘプタクロル)	
246	ペルフルオロオクタン酸及びそのアンモニウム塩	
247	ペルフルオロ(オクタン－１－スルホン酸)(別名 PFOS)	
248	ベンジルアルコール	
249	１，２，４－ベンゼントリカルボン酸１，２－無水物	
250	ベンゾ[ａ]アントラセン	
251	ベンゾ[ａ]ピレン	
252	ベンゾ[ｅ]フルオラセン	
253	ベンゾ[ｊ]フルオランテン	国による GHS 分類の名称
254	ベンゾ[ｋ]フルオランテン	国による GHS 分類の名称
255	ペンタクロロナフタレン	
256	ホルムアミド	
257	無水フタル酸	
258	メタ－キシリレンジアミン	

259	メタクリル酸	
260	メタクリル酸２，３－エポキシプロピル	
261	メタクリロニトリル	
262	メタノール	
263	Ｎ－メチルアニリン	
264	メチル＝イソチオシアネート	
265	メチルエチルケトン	
266	Ｎ－メチルカルバミン酸２－セカンダリ－ブチルフェニル(別名フェノブカルブ)	
267	メチルシクロヘキサノン	
268	２－メチル－４，６－ジニトロフェノール	
269	２－メチル－４－(２－トリルアゾ)アニリン	
270	メチルナフタレン	
271	メチル－ノルマル－ブチルケトン	
271	メチルヒドラジン	
273	メチルビニルケトン	
274	Ｎ－メチル－２－ピロリドン	
275	３－メチル－１－(プロパン－２－イル)－1H－ピラゾール－５－イル＝ジメチルカルバマート	
276	４－メチル－２－ペンタノール	
277	Ｎ－メチルホルムアミド	
278	Ｓ－メチル－Ｎ－(メチルカルバモイルオキシ)チオアセチミデート(別名メソミル)	
279	４，４'－メチレンジアニリン	
280	メチレンビス(4，１－フェニレン)＝ジイソシアネート(別名 MDI)	
281	１－(２－メトキシ－２－メチルエトキシ)－２－プロパノール	
282	メルカプト酢酸	
283	モノフルオール酢酸パラブロムアニリド	
284	モルホリン	
285	ヨードホルム	
286	ラクトニトリル(別名アセトアルデヒドシアンヒドリン)	
287	りん酸ジ－ノルマル－ブチル	
288	りん酸ジ－ノルマル－ブチル＝フェニル	
289	りん酸１，２－ジブロモ－２，２－ジクロロエチル＝ジメチル(別名ナレド)	
290	りん酸ジメチル＝(E)－１－(N，Ｎ－ジメチルカルバモイル)－１－プロペン－２－イル(別名ジクロトホス)	
291	りん酸ジメチル＝(E)－１－(Ｎ－メチルカルバモイル)－１－プロペン－２－イル(別名モノクロトホス)	
292	りん酸ジメチル＝1－メトキシカルボニル－１－プロペン－２－イル(別名メビンホス)	
293	りん酸トリトリル	りん酸トリ(オルト－トリル)に限る。
294	りん酸トリ－ノルマル－ブチル	
295	六塩化ブタジエン	
296	ロテノン	

【附録 4】

保護具着用管理責任者に対する教育の実施について

（令和 4 年 12 月 26 日付け基安化発 1226 第 1 号）

保護具着用管理責任者については、「労働安全衛生規則等の一部を改正する省令等の施行について」（令和４年５月 31 日付け基発0531 第９号）の記の第４の２⑵において、「保護具に関する知識及び経験を有すると認められる者」から選任することができない場合は、別途示す保護具の管理に関する教育（以下「保護具着用管理責任者教育」という。）を受講した者を選任すること、また、「保護具に関する知識及び経験を有すると認められる者」から選任する場合であっても、保護具着用管理責任者教育を受講することが望ましいとされている。

今般、保護具着用管理責任者に対する教育実施要領を別紙のとおり定めたので、事業者に対し周知するとともに、同要領に基づく教育の実施を積極的に勧奨されたい。

なお、安全衛生関係団体等に対し、本教育を事業者自ら行うことが困難な場合もあることから、当該事業者の委託を受けて教育を行う等の支援を要請されたい。

おって、別添１～別添３（略）のとおり関係団体あて協力を要請したので了知されたい。

別紙　保護具着用管理責任者に対する教育実施要領

1　目的

本要領は、保護具着用管理責任者教育のカリキュラム及び具体的実施方法等を示すとともに、この教育の実施により、十分な知識及び技能を有する保護具着用管理責任者の確保を促進し、もって保護具等の正しい選択・使用・保守管理についての普及を図ることを目的とする。

2　教育の対象者

本教育の対象者は、次のとおりとする。

・施行通達の記の第４の２（2）①から⑥までに定める保護具着用管理責任者の資格を有しない者で、保護具着用管理責任者になろうとする者

・上記資格を有する者

3　教育の実施者

上記２の対象者を使用する事業者、安全衛生団体等があること。

4　実施方法

実施方法は、次に掲げるところによること。

⑴　別表「保護具着用管理責任者教育カリキュラム」に掲げるそれぞれの科目に応じ、範囲の欄に掲げる事項について、学科教育又は実技教育により、時間の欄に掲げる時間数以上を行うものとすること。

なお、

①　学科教育は、集合形式のほか、オンライン形式でも差し支えないこと。

②　学科教育と実技教育を分割して行うこととしても差し支えないこと。この場合、以下のア及びイのいずれも満たすこと。

ア　実技教育は、学科教育の全ての科目を修了した者を対象とすること。

イ　学科教育を修了した者と実技教育を受講する者が同一者であることが確認できること。

⑵　講師は、対象となる保護具等に関する十分な知識を有し、指導経験がある者等、別表のカリキュラムの科目について十分

な知識と経験を有する者を、科目ごとに1名ないし複数名充てること

(3) 教育の実施に当たっては、教育効果を高めるため、既存のテキストの活用を行うことが望ましいこと。特に、呼吸用保護具については、日本産業規格 T8150（呼吸用保護具の選択、使用及び保守管理方法）の内容を含む等、別表のカリキュラムの科目について内容を十分満足した教材を使用すること。

(4) 安全衛生団体等が行う場合の受講人数にあっては、学科教育（集合形式の場合）は概ね100人以下、実技教育は概ね30人以下を一単位として行うこと。

5 実施結果の保存等

(1) 事業者が教育を実施した場合は、受講者、科目等の記録を作成し、保存すること。

(2) 安全衛生団体等が教育を実施した場合は、全ての科目を修了した者に対して修了を証する書面を交付する等の方法により、当該教育を修了したことを証明するとともに、教育の修了者名簿を作成し、保存すること。

6 実践的な教育・訓練等の実施

保護具等や機器等に習熟する観点から、教育を修了した者は、保護具メーカーや測定機器メーカーが実施する研修や、これらメーカーの協力を得て行う教育・訓練等、実践的な教育・訓練等を定期的に受けることが望ましいこと。

【別表】 保護具着用管理責任者教育カリキュラム

学科科目	範囲	時間
Ⅰ 保護具着用管理	① 保護具着用管理責任者の役割と職務 ② 保護具に関する教育の方法	0.5時間
Ⅱ 保護具に関する知識	① 保護具の適正な選択に関すること。 ② 労働者の保護具の適正な使用に関すること。 ③ 保護具の保守管理に関すること。	3時間
Ⅲ 労働災害の防止に関する知識	保護具使用に当たって留意すべき労働災害の事例及び防止方法	1時間
Ⅳ 関係法令	安衛法、安衛令及び安衛則中の関係条項	0.5時間
実技科目	範囲	時間
Ⅴ 保護具の使用方法等	① 保護具の適正な選択に関すること。 ② 労働者の保護具の適正な使用に関すること。 ③ 保護具の保守管理に関すること。	1時間

（計 6時間）

【附録 5】

厚生労働省リーフレット　皮膚障害等防止用保護具の選定マニュアル（概要）

化学物質管理者・保護具着用管理責任者の皆さまへ

2024(令和6)年4月１日～　皮膚障害等防止用保護具の選定マニュアル(概要)

皮膚等障害化学物質等の製造・取り扱い時に「不浸透性*の保護具の使用」が義務化されます

*有害物等と直接接触することがないような性能を有することを指しており、JIS T 8116で定義する「透過」及び「浸透」しないことのいずれの要素も含む。

Q：皮膚等障害化学物質とはどのような物質ですか？　→詳細は第1章第3節を確認

A： 皮膚等障害化学物質には、**皮膚刺激性有害物質（①）、皮膚吸収性有害物質（②）**が存在します。なお、皮膚等障害化学物質および特別規則に基づく不浸透性の保護具等の使用義務物質の全体像は下図のとおりです。

特別規則対象物質	①皮膚刺激性有害物質 744物質	①かつ② 124物質	②皮膚吸収性有害物質 196物質

従来通り保護具着用の義務あり。

皮膚等障害化学物質　1,064物質
今般新たに保護具着用が義務化。

↑皮膚等障害化学物質リストはこちら

①皮膚刺激性有害物質

皮膚または眼に障害を与えるおそれがあることが明らかな化学物質
→局所影響（化学熱傷、接触性皮膚炎など）

②皮膚吸収性有害物質

皮膚から吸収され、もしくは皮膚に侵入して、健康障害のおそれがあることが明らかな化学物質
→全身影響
（意識障害、各種臓器疾患、発がんなど）

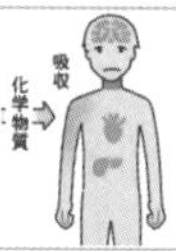

Q：保護具の管理は誰が行うのですか？　→詳細は第1章第3節を確認

A： 保護具着用管理責任者が保護具の管理を行います。

【保護具着用管理責任者とは】
化学物質管理者を選任した事業者は、リスクアセスメントの結果に基づく措置として、労働者に保護具を使用させるときは、**保護具着用管理責任者**を選任し、有効な保護具の選択、保護具の保守管理その他保護具に係る業務を担当させなければなりません。

【職務および権限】
①保護具の**適正な選択**に関すること。
②労働者の**保護具の適正な使用**に関すること。
③保護具の**保守管理**に関すること。

Q：保護具を使用しないとどうなりますか？　→詳細は第2章第1節を確認

A： 皮膚等障害化学物質に対して不浸透性の保護具を使用しないと、皮膚障害や皮膚を介した健康障害が発生する可能性があります。

【最近の皮膚等障害事案の状況】
・労働災害事例のうち、経皮ばく露による皮膚障害が最多。
・特に、皮膚吸収性有害物質は、皮膚刺激性はないが、皮膚から吸収され発がん(膀胱がん)に至った事案も発生。

【労働災害事例】
スコップで水酸化ナトリウムと廃油を含む沈殿物をすくった際に、飛散した水溶液を浴び、作業終了後、水酸化ナトリウムによる薬傷と診断された。
なお、作業者の服装は、通常の作業着に化学防護手袋でない一般のビニル手袋、ゴム長靴、さらに化学防護服ではないナイロン製ヤッケを着用している作業者もいた。皮膚に障害を与える水酸化ナトリウムを取り扱うにもかかわらず、適切な保護具を使用していなかったこと、作業者および現場責任者が、槽内の物質の有害性について認識していなかったことが原因と考えられている。

手の防護については、一般的なビニル手袋などではなく、適切な化学防護手袋などを使用することが重要です。

ひと、くらし、みらいのために　厚生労働省 Ministry of Health, Labour and Welfare　都道府県労働局・労働基準監督署　（R６.３）

https://www.mhlw.go.jp/content/11300000/001216818.pdf

国の委託事業報告書（みずほリサーチ&テクノロジーズ株式会社）の全文については、P.172 を参照のこと。

【附録6】

関係資料一覧

【リスクアセスメント対象物】
労働安全衛生法に基づくラベル表示及びSDS交付義務対象物質（令和6年4月1日現在　896物質（群））
https://anzeninfo.mhlw.go.jp/anzen/gmsds/label_sds_896list_20240401.xlsx

労働安全衛生法に基づくラベル表示・SDS交付の義務対象物質一覧（令和5年8月30日改正政令、令和5年9月29日改正省令公布、令和7年4月1日及び令和8年4月1日施行）（令和5年11月9日更新）
https://www.mhlw.go.jp/content/11300000/001168179.xlsx

【がん原性物質】
労働安全衛生規則第577条の2の規定に基づき作業記録等の30年間保存の対象となる化学物質の一覧（令和5年4月1日及び令和6年4月1日適用分）（令和5年3月1日更新）
https://www.mhlw.go.jp/content/11300000/001064830.xlsx

【皮膚等障害化学物質】
皮膚等障害化学物質（労働安全衛生規則第594条の2（令和6年4月1日施行））及び特別規則に基づく不浸透性の保護具等の使用義務物質リスト（令和5年11月9日更新）
https://www.mhlw.go.jp/content/11300000/001164701.xlsx

【国の委託事業報告書（みずほリサーチ＆テクノロジーズ株式会社）】
皮膚障害等防止用保護具の選定マニュアル（令和6年2月 第1版）
https://www.mhlw.go.jp/content/11300000/001216985.pdf

参考資料1：皮膚等障害化学物質及び特別規則に基づく不浸透性の保護具等の使用義務物質リスト
https://www.mhlw.go.jp/content/11300000/001216990.pdf

参考資料2：耐透過性能一覧表
https://www.mhlw.go.jp/content/11300000/001216988.pdf

●**執筆**

中央労働災害防止協会　労働衛生調査分析センター 少

●**写真提供**（五十音順・敬称略）

旭・デュポン フラッシュスパン プロダクツ株式会社

興研株式会社

株式会社重松製作所

柴田科学株式会社

スリーエムジャパン株式会社

ダイヤゴム株式会社

株式会社トーアボージン

一般社団法人日本衛生材料工業連合会

日本ハネウェル株式会社

山本光学株式会社

保護具着用管理責任者ハンドブック

令和6年7月26日　第1版第1刷発行
令和6年9月12日　　　　第2刷発行

編　者　中央労働災害防止協会
発行者　平山　剛
発行所　中央労働災害防止協会
東京都港区芝浦3-17-12　吾妻ビル9階
〒108-0023
電話　販売　03（3452）6401
　　　編集　03（3452）6209

印刷・製本　株式会社丸井工文社
表紙デザイン　ア・ロゥデザイン
イラスト　佐藤　正

乱丁・落丁本はお取り替えいたします。

ISBN978-4-8059-2163-0 C3060
中災防ホームページ　https://www.jisha.or.jp